高等院校
信息技术应用型
规划教材

C#语言程序设计

李 莹　田林琳　主　编
吴晓艳　杨 玥　王 岩　田 丹　副主编
郝雪燕　王羚伊　参　编

清华大学出版社
北京

内 容 简 介

本书根据应用型人才的培养目标和"应用为本，学以致用"的教学理念，精选必需的教学内容，分别在 DOS 和 Windows 视窗两种运行环境下介绍 C♯程序设计基础知识与 Windows 应用开发技术，并以一个完整的基于三层架构的实例——图书借阅管理系统详细介绍实际项目的开发过程。全书共分 8 章，主要内容包括 C♯语言概述、.NET 框架和 Visual Studio.NET 开发工具概述，C♯语法与结构化程序设计基础，面向对象程序设计基础，基于三层架构的图书馆借阅管理系统基础设计，异常处理，ADO.NET 数据库应用程序设计，图书馆借阅管理系统的窗体设计与功能实现。

本书既可作为应用型本科计算机相关专业的专业教材，也可以作为非计算机专业学生及计算机爱好者学习 C♯语言的入门书籍。

本书封面贴有清华大学出版社防伪标签，无标签者不得销售。
版权所有，侵权必究。举报：010-62782989，beiqinquan@tup.tsinghua.edu.cn。

图书在版编目(CIP)数据

C♯语言程序设计/李莹，田林琳主编.—北京：清华大学出版社，2018(2023.8重印)
（高等院校信息技术应用型规划教材）
ISBN 978-7-302-49025-8

Ⅰ.①C… Ⅱ.①李… ②田… Ⅲ.①C语言－程序设计－高等学校－教材 Ⅳ.①TP312.8

中国版本图书馆 CIP 数据核字(2017)第 294526 号

责任编辑：孟毅新
封面设计：傅瑞学
责任校对：刘　静
责任印制：沈　露

出版发行：清华大学出版社
网　　址：http://www.tup.com.cn, http://www.wqbook.com
地　　址：北京清华大学学研大厦 A 座　　　邮　编：100084
社 总 机：010-83470000　　　邮　购：010-62786544
投稿与读者服务：010-62776969, c-service@tup.tsinghua.edu.cn
质量反馈：010-62772015, zhiliang@tup.tsinghua.edu.cn
课件下载：http://www.tup.com.cn, 010-83470410

印 装 者：北京鑫海金澳胶印有限公司
经　　销：全国新华书店
开　　本：185mm×260mm　　印　张：13.75　　字　数：315 千字
版　　次：2018 年 2 月第 1 版　　印　次：2023 年 8 月第 6 次印刷
定　　价：39.00 元

产品编号：076007-01

前　言

开发 Windows 应用软件的程序员都希望又快又好地开发出满足用户需求的软件产品，当然这除了要依靠程序员的能力和勤奋以外，还要有好用的软件开发平台，正所谓"工欲善其事，必先利其器"。自 2002 年微软推出 C♯ 语言和.NET 平台以来，经过十几年的发展，现在已经有越来越多的程序员开始利用 C♯ 语言和.NET 平台来开发各种应用软件。

作为一个软件开发平台，.NET 框架提供了一个庞大的类库，该类库以面向对象的方式封装了各种 Windows API 函数，通过它程序员可以高效地开发各种应用软件，从而摆脱了"编程语言＋Win32 API 函数"的低效软件开发模式。在.NET 框架类库中，有两种非常重要的技术，那就是 ADO.NET 和 ASP.NET，前者是数据访问平台，后者是 Web 开发平台，它们为开发数据库程序和 Web 应用程序提供了强有力的支持。另外，利用.NET 类库开发的程序将被编译成 MSIL（微软中间语言）代码，并需要在.NET 框架中的托管平台 CLR（公共语言运行库）上运行，CLR 将为其提供安全保障和垃圾回收等功能。

C♯ 语言是一种优雅的编程语言，它汲取了目前几种主流编程语言如 C++、Java 和 Visual Basic 的精华，拥有语法简洁、面向对象、类型安全和垃圾回收等现代语言的诸多特征，从而成为.NET 平台下的最佳编程利器。

本书是一本既详细讲解 C♯ 语法，又介绍如何利用 C♯ 开发三层架构应用项目的教材。本书使用 Visual Studio.NET 开发 Windows 应用程序，使读者掌握 Windows 窗体和控件的使用、自定义用户控件以及 Windows 应用程序的部署等。本书通过示范项目——图书借阅管理系统中的 Windows 的开发与管理，使读者经历一次 Windows 应用系统开发的全过程，并进行一次综合性训练，从而具备 Windows 应用程序开发的经验和基本能力。

本书包含了大量的示例性代码以验证书中介绍的知识，提升读者对 C♯ 语言的理解能力，并能编写真正的代码来解决实际的问题。

本书共 8 章，1 个附录。

第 1 章：介绍 C♯ 语言的开发环境和运行环境，以及 C♯ 应用程序的类型。

第 2 章：在 DOS 环境下通过示例介绍 C♯ 语言的数据类型、运算符和表达式。

第 3 章：在 Windows 视窗环境下通过示例介绍 C♯ 语言的流程控制语句。

第 4 章：综合使用 DOS 和 Windows 视窗环境介绍 C♯ 语言面向对象的编程技术。

第 5 章：介绍图书借阅管理系统的功能、数据库设计以及系统三层架构的搭建。

第 6 章：在 DOS 环境下通过示例介绍 C♯ 语言的异常处理。

第7章：通过 Windows 应用程序示例介绍利用 ADO.NET 开发数据库应用的方法。

第8章：介绍图书借阅管理系统的窗体设计与功能实现。

附录：C#应用系统开发实训。

本教材的总学时为 40～70 学时，实验时数为 15～30 学时；C#应用系统开发实训可在课程结束后集中安排 2～3 周进行。

本书李莹、田林琳担任主编，吴晓艳、杨玥、王岩、田丹担任副主编。参加编写的还有郝雪燕、王羚伊。

由于编者水平有限，书中难免有不足之处，敬请广大读者批评、指正。编者的 E-mail 是 liying0000@sohu.com。

编　者

2018 年 1 月

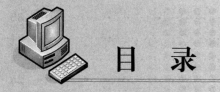

目 录

第 1 章 概述 ………………………………………………………………………… 1
1.1 C#语言概述 …………………………………………………………………… 1
   1.1.1 Microsoft Visual Studio 简介 ……………………………………… 1
   1.1.2 C#运行环境——.NET 框架 ………………………………………… 2
1.2 安装 Microsoft Visual Studio 2013 …………………………………………… 3
1.3 C#主要应用程序类型 ………………………………………………………… 5
   1.3.1 控制台应用程序 ………………………………………………… 5
   1.3.2 Windows 应用程序 ……………………………………………… 8
   1.3.3 Web 应用程序 …………………………………………………… 10
   1.3.4 WPF 和 Silverlight 应用程序 …………………………………… 12
   1.3.5 Windows Phone 应用程序 ……………………………………… 14
本章小结 ………………………………………………………………………… 15
习题 ……………………………………………………………………………… 15

第 2 章 表达式求值 ……………………………………………………………… 16
2.1 值类型 ………………………………………………………………………… 16
2.2 引用类型 ……………………………………………………………………… 21
2.3 变量与常量 …………………………………………………………………… 25
   2.3.1 变量 ……………………………………………………………… 25
   2.3.2 常量 ……………………………………………………………… 27
2.4 类型转换 ……………………………………………………………………… 27
   2.4.1 隐式类型转换 …………………………………………………… 27
   2.4.2 显示类型转换 …………………………………………………… 28
   2.4.3 装箱和拆箱 ……………………………………………………… 29
2.5 运算符和表达式 ……………………………………………………………… 30
   2.5.1 算术运算符 ……………………………………………………… 30
   2.5.2 关系运算符 ……………………………………………………… 31
   2.5.3 逻辑运算符 ……………………………………………………… 31
   2.5.4 位运算符 ………………………………………………………… 33

2.5.5 赋值运算符 ·· 33
2.5.6 条件运算符 ·· 34
2.5.7 运算符的优先级与结合 ·· 34
本章小结 ··· 35
习题 ·· 35
实验 ·· 36

第 3 章 流程控制 ·· 38

3.1 分支语句 ·· 38
    3.1.1 if 语句 ·· 38
    3.1.2 switch 语句 ·· 43
3.2 循环语句 ·· 48
    3.2.1 while 循环语句 ·· 48
    3.2.2 do-while 循环语句 ······································ 48
    3.2.3 for 循环语句 ·· 49
    3.2.4 foreach 循环语句 ·· 50
3.3 跳转语句 ·· 52
    3.3.1 break 语句 ··· 52
    3.3.2 continue 语句 ·· 52
    3.3.3 return 语句 ·· 53
    3.3.4 goto 语句 ·· 54
本章小结 ··· 55
习题 ·· 55
实验 ·· 57

第 4 章 面向对象基础 ··· 58

4.1 面向对象的概念 ··· 58
4.2 类和对象 ·· 59
4.3 类的成员 ·· 60
    4.3.1 字段 ·· 60
    4.3.2 方法 ·· 63
    4.3.3 构造方法和析构方法 ······································ 71
    4.3.4 属性 ·· 75
    4.3.5 索引器 ·· 77
4.4 继承 ·· 78
4.5 多态 ·· 81
本章小结 ··· 84
习题 ·· 84

第 5 章　图书借阅管理系统基础设计 ··········· 89

- 5.1 图书借阅管理系统业务流程 ··········· 89
- 5.2 功能模块设计 ··········· 89
- 5.3 系统数据库设计 ··········· 90
- 5.4 三层架构的创建 ··········· 92
- 本章小结 ··········· 96
- 习题 ··········· 96

第 6 章　异常处理 ··········· 97

- 6.1 错误和异常 ··········· 97
- 6.2 异常处理结构 ··········· 98
  - 6.2.1 try-catch 语句 ··········· 98
  - 6.2.2 try-finally 语句 ··········· 100
  - 6.2.3 try-catch-finally 语句 ··········· 101
  - 6.2.4 throw 语句 ··········· 102
- 6.3 自定义异常类 ··········· 103
- 本章小结 ··········· 104
- 习题 ··········· 105

第 7 章　数据库应用开发 ··········· 106

- 7.1 ADO.NET 概述 ··········· 106
  - 7.1.1 ADO.NET 对象模型 ··········· 106
  - 7.1.2 ADO.NET 命名空间 ··········· 107
- 7.2 Connection 对象 ··········· 107
  - 7.2.1 选择.NET 数据提供程序 ··········· 107
  - 7.2.2 使用 SqlConnection 对象 ··········· 108
  - 7.2.3 使用 OleDbConnection 对象 ··········· 109
- 7.3 Command 对象的使用 ··········· 109
  - 7.3.1 插入、修改、删除数据 ··········· 110
  - 7.3.2 读取数据 ··········· 111
  - 7.3.3 执行存储过程 ··········· 115
- 7.4 DataAdapter 和 DataSet 对象的使用 ··········· 116
  - 7.4.1 填充 DataSet ··········· 117
  - 7.4.2 更新 DataSet ··········· 118
- 本章小结 ··········· 119
- 习题 ··········· 119

实验 ………………………………………………………………………………… 121

第 8 章　图书借阅管理系统的窗体设计与功能实现 …………………………… 122

8.1　登录窗体 ……………………………………………………………………… 122
8.2　主窗体 ………………………………………………………………………… 126
　　8.2.1　窗体间传值 …………………………………………………………… 131
　　8.2.2　多文档界面设计 ……………………………………………………… 133
　　8.2.3　背景中的文字左右滚动 ……………………………………………… 135
　　8.2.4　系统通知区域图标的实现 …………………………………………… 136
8.3　用户管理 ……………………………………………………………………… 137
　　8.3.1　单选按钮和复选框的使用 …………………………………………… 138
　　8.3.2　组合列表框的使用 …………………………………………………… 139
　　8.3.3　补充三层架构内容 …………………………………………………… 140
　　8.3.4　逐条添加用户功能 …………………………………………………… 144
　　8.3.5　批量添加用户功能 …………………………………………………… 145
　　8.3.6　在数据库中使用触发器 ……………………………………………… 146
8.4　图书分类 ……………………………………………………………………… 147
　　8.4.1　拆分器控件的使用 …………………………………………………… 147
　　8.4.2　树状视图控件的使用 ………………………………………………… 148
　　8.4.3　列表视图控件的使用 ………………………………………………… 150
　　8.4.4　图书分类功能 ………………………………………………………… 151
　　8.4.5　添加类别功能 ………………………………………………………… 155
　　8.4.6　新书入库功能 ………………………………………………………… 156
8.5　借书与还书 …………………………………………………………………… 161
　　8.5.1　复合控件 ……………………………………………………………… 162
　　8.5.2　扩展控件 ……………………………………………………………… 165
　　8.5.3　补充三层架构内容 …………………………………………………… 168
　　8.5.4　图书借阅功能 ………………………………………………………… 171
　　8.5.5　图书归还功能 ………………………………………………………… 174
8.6　查询功能 ……………………………………………………………………… 176
　　8.6.1　使用 XML Web 服务 ………………………………………………… 177
　　8.6.2　用户详细信息 ………………………………………………………… 184
　　8.6.3　读者借阅信息 ………………………………………………………… 187
　　8.6.4　将 DataGridView 内容导出到 Word ………………………………… 189
　　8.6.5　图书查询功能 ………………………………………………………… 193
　　8.6.6　图书借阅信息查询功能 ……………………………………………… 194
8.7　部署 …………………………………………………………………………… 198

8.7.1 安装 InstallShield Limited Edition for Visual Studio ………… 198
8.7.2 部署图书借阅管理系统 ……………………………………… 199
8.7.3 生成安装包及安装程序 ……………………………………… 203

参考文献 ……………………………………………………………… 205

附录　C♯应用系统开发实训 ………………………………………… 206

第 1 章 概 述

1.1 C♯语言概述

C♯(读作 C sharp)语言是从 C 语言和 C++ 语言发展而来的,它是一种简单的、功能强大的、类型安全的和面向对象的高级程序设计语言。C♯凭借在许多方面的创新,在保持 C 语言风格的表现力和雅致特征的同时,实现了应用程序的快速开发。

Visual C♯是 Microsoft 对 C♯语言的实现。Microsoft Visual Studio 通过功能齐全的代码编辑器、编译器、项目模板、设计器、代码向导、功能强大且易用的调试器以及其他工具,实现了对 Visual C♯的支持。通过.NET 框架类库,可以访问许多操作系统服务和其他有用的精心设计的类,这些类可显著加快开发周期。

1.1.1 Microsoft Visual Studio 简介

Microsoft Visual Studio(简称 VS)是一个基本完整的开发工具集,它包括了整个软件生命周期中所需要的大部分工具,如 UML 工具、代码管控工具、集成开发环境(IDE)等。VS 的目标代码适用于微软支持的所有平台,包括 Microsoft Windows、Windows Mobile、Windows CE、.NET 框架、.NET Compact 框架和 Microsoft Silverlight 及 Windows Phone。

1997 年,微软发布了 Visual Studio 97,包含有面向 Windows 开发使用的 Visual Basic 5.0、Visual C++ 5.0,面向 Java 开发的 Visual J++ 和面向数据库开发的 Visual FoxPro,还包含创建 DHTML(Dynamic HTML)所需要的 Visual InterDev。其中,Visual Basic 和 Visual FoxPro 使用单独的开发环境,其他的开发语言使用统一的开发环境。

1998 年,微软发布了 Visual Studio 6.0。2002 年,随着.NET 口号的提出与 Windows XP/Office XP 的发布,微软发布了 Visual Studio .NET(内部版本号为 7.0)。与此同时,微软引入了建立在.NET 框架上(版本 1.0)的托管代码机制以及一门新的语言 C♯。2003 年,微软对 Visual Studio 2002 进行了部分修订,以 Visual Studio 2003 的名义发布(内部版本号为 7.1)。Visio 作为使用统一建模语言(UML)架构应用程序框架的程序被引入,同时被引入的还包括移动设备支持和企业模版,.NET 框架也升级到了 1.1。2005 年,微软发布了 Visual Studio 2005,仍然还是面向.NET 框架的(版本 2.0)。2007 年

11月,微软发布了 Visual Studio 2008。2010年4月,微软发布了 Visual Studio 2010 以及.NET Framework 4.0。2012年9月,微软在西雅图发布 Visual Studio 2012。2013年11月,微软发布 Visual Studio 2013。2015年7月,微软发布了 Visual Studio 2015 正式版和 C♯ 6.0 版本。

本书的所有示例都是在 Microsoft Visual Studio 2013 开发环境中实现的,将在 1.2 节中介绍如何安装 Microsoft Visual Studio 2013 开发环境。

1.1.2 C♯运行环境——.NET 框架

.NET 框架是用于代码编译和执行的集成托管环境,它管理着应用程序运行的方方面面,包括程序首次运行的编译、为程序分配内存以存储数据和指令、对应用程序授予或拒绝相应的权限、启动并管理应用程序执行,并且管理剩余内存的再分配。.NET 框架的结构如图 1.1 所示。

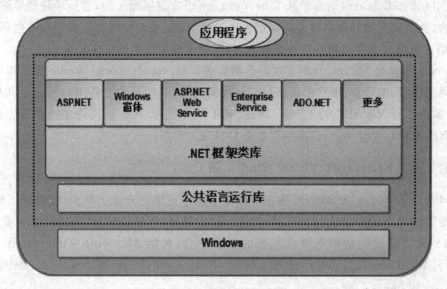

图 1.1 .NET 框架的结构

由图 1.1 可以看出,.NET 框架主要由两个组件组成:公共语言运行库(CLR)和.NET 框架类库。

1. 公共语言运行库

CLR 可视为管理代码执行的环境,介于操作系统和应用程序之间,提供了代码编译、内存分配、线程管理以及垃圾回收之类的核心服务,主要体现在以下几方面。

(1) 管理代码的执行。各类.NET 应用程序的代码被编译为中间语言,在程序执行时,公共语言运行库将中间语言编译为机器指令,负责加载所需的元数据类型、组件及其他各种资源,并在执行过程中提供安全性机制、错误处理、垃圾回收等。

(2) 提供通用类型系统。包括值类型和引用类型两部分,这些类型为组件的资源控制、版本管理及组件间的交互提供关键信息。

(3) 提供系统服务。.NET 组件和应用程序使用公共语言运行库提供的统一接口,简化开发难度,且能够在不同的平台上移植。

2. .NET 框架类库

.NET 框架类库提供一整套通用功能的标准代码,可以供开发人员使用。类库虽然是用 C♯ 编写的,但是使用任何.NET 语言编写的应用程序都可以使用类库中的代码,如 C♯、VB.NET、C++ 等。

.NET 框架类库的内容组织为命名空间树。命名空间是执行相关功能的类型的逻辑组织单位,每个命名空间还可以包含其他命名空间。图 1.2 给出了.NET 框架类库的一小部分。

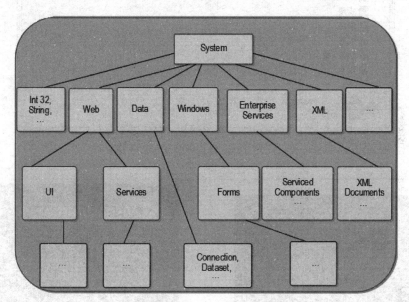

图 1.2 .NET 框架中的部分类库

类库中包含了很多命名空间,有些内容在后面的章节中有介绍,有些是后续课程的内容,感兴趣的读者可以参考与.NET 框架相关的书籍。

1.2 安装 Microsoft Visual Studio 2013

下面介绍 Microsoft Visual Studio 2013 的安装过程,该方法仅供个人学习之用。

(1) 在 VS 安装光盘中找到文件 vs_ultimate.exe,双击该可执行文件,如图 1.3 所示。

(2) 选择安装路径,这个软件占用空间非常大,最好不要装在系统盘下,会拖慢系统速度。选中"我同意许可条款和隐私策略"复选框,如图 1.4 所示。

(3) 等待创建系统还原点,如图 1.5 所示,系统将在计算机上安装组件。

图 1.3 找到安装文件

图 1.4 安装程序界面(1)

图 1.5 安装程序界面(2)

(4) 完成安装,选中"启动"选项,进入启动页面,显示未激活,只有 30 天的试用期。如需长期使用,请在官方网站 https://www.visualstudio.com/products/how-to-buy-vs 购买正版软件。

(5) 选择"开始"→"程序"→Visual Studio 2013→Visual Studio 2013 命令,出现程序主界面,如图 1.6 所示。

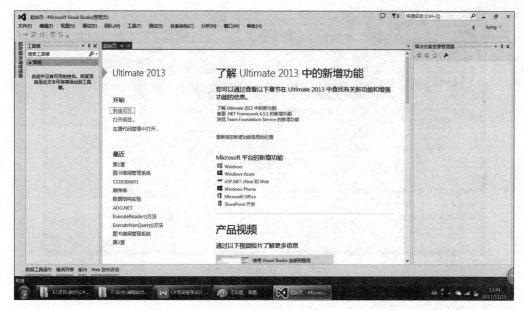

图 1.6　VS 主界面

1.3　C#主要应用程序类型

本节从最基本的例子开始,介绍如何使用 Visual Studio 2013 创建控制台应用程序、Windows 应用程序、Web 应用程序、WPF 和 Silverlight 应用程序等。本书第 2 章中实例使用的是控制台应用程序,从第 3 章开始,大部分实例都是用 Windows 应用程序开发的。

1.3.1　控制台应用程序

控制台应用程序比较简单,一般是初学者在实践过程中需要的一个展现平台,也就是一个命令窗口。通过一些简单的程序,将一些数组、字符串等打印在控制台(一个黑色的命令窗口)上。

【例 1-1】　在控制台窗口中输出"使用 C#语言开发第一个控制台应用程序"。

启动 Visual Studio 2013,选择"文件"→"新建"→"项目"→"新建项目"命令,弹出如图 1.7 所示的界面。

选择"模板"→Visual C#→"控制台应用程序"选项,然后为所创建的解决方案和项目命名并选择所要存放的路径。"名称"和"位置"这两个文本框虽然都有默认的名字,最好还是改成自定义的。特别是"位置",系统默认的文件夹是 VS 系统文件夹,文件夹层数多,不便记忆,创建的项目文件不便查找,所以最好自己定义。

单击"确定"按钮,系统将建立一个控制台应用程序项目 1-1,并进入 VS 系统,系统将自动创建一个 C#文件 Program.cs,在其中输入以下程序代码。

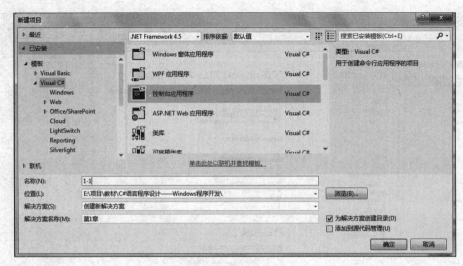

图 1.7 "新建项目"界面

```
using System;
using System.Collections.Generic;
using System.Linq;
using System.Text;
using System.Threading.Tasks;

namespace _1_1
{
    class Program
    {
        static void Main(string[] args)
        {
            //在控制台窗体输出信息
            Console.WriteLine("使用 C#语言开发第一个控制台应用程序");
        }
    }
}
```

按Ctrl+F5键运行程序,或者选择"调试"→"开始执行(不调试)"命令,运行结果如图 1.8 所示。

注意：C#程序代码是区分大小写的。

由例 1-1 可以看出,C#程序主要由以下几部分组成。

图 1.8 例 1-1 运行结果

1. 命名空间

代码的最前面是以 using 关键字开始的命名空间导入语句,使用 using 关键字用于导入.NET 框架类库中的资源。

using 命名空间；

这与 C 语言或 C++ 中使用#include 之类的语句来导入源文件类似，通过引用命名空间，就可以使用该命名空间下的类了。命名空间可以使元素按照功能进行组织，引入命名空间的另外一个目的是为了防止相同名称的不同标识发生冲突。

2．类和类成员

类是面向对象语言编程中最常用的基本元素，用 class 表示，其后是类的名称。类中可以包含字段、方法、属性等类成员。C♯的每一个程序包括至少一个类，程序的所有内容都必须属于一个类。

例 1-1 中，类 Program 中包含一个 Main()方法，该方法是应用程序的入口和出口，系统从 Main()方法开始执行。Main()方法结束，程序就结束。若控制台应用程序中不包含该方法，就会产生编译错误。

3．注释

注释也是程序的一个重要组成部分，适当地在程序中加入注释可以增强程序的可读性，以方便维护人员的维护。即便是对于程序员本人，注释对调试程序和编写程序也能起到很好的帮助作用。被标注为注释的内容在编译时会被忽略，所以不会对程序产生任何影响。

C♯中的注释有两种形式：单行注释和多行注释。使用//表示为单行注释，作用范围是直到该行结束。使用/*...*/表示多行注释，位于/*和*/之间的内容均为注释内容，例如：

```
static void Main(string[] args)
{
    /*第一个程序
      在控制台窗体输出欢迎信息*/
        Console.WriteLine("欢迎来到 C#世界");
}
```

注意：多行注释不能嵌套使用。

4．输入/输出

例 1-1 中输出的功能是通过 System 命名空间中的 Console（控制台）类中的 WriteLine()方法完成的。Console 类表示控制台应用程序的标准输入流、输出流，控制台应用程序经常需要进行输入/输出操作。Console 类中的常用方法如下。

（1）Console.Write()：将指定字符串的值写入标准输出流。

（2）Console.WriteLine()：使用指定格式信息将指定的对象数组（后跟当前行终止符）的文本表示形式写入标准输出流。

（3）Console.Read()：从标准输入流读取一个字符。

（4）Console.ReadKey()：获取用户按下的字符或功能键。

(5) Console.ReadLine()：从标准输入流读取一行字符。

【例 1-2】 使用 Console 类实现输入/输出操作，程序运行界面如图 1.9 所示。

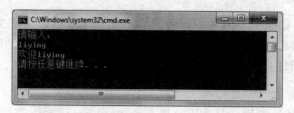

图 1.9　例 1-2 运行结果

程序代码如下。

```
using System;
using System.Collections.Generic;
using System.Linq;
using System.Text;
using System.Threading.Tasks;

namespace _1_2
{
    class Program
    {
        static void Main(string[] args)
        {
            Console.WriteLine("请输入：");
            string s=Console.ReadLine();
            Console.WriteLine("欢迎"+s);
        }
    }
}
```

所有的 C#程序（控制台应用程序、Windows 应用程序、Web 应用程序等）框架都类似，多数包括命名空间、类和类成员、注释、输入/输出等。

1.3.2　Windows 应用程序

Windows 应用程序和控制台应用程序不同，运行界面和常用的软件一样，可以有窗口、按钮、菜单等，开发过程比控制台应用程序复杂一些。窗口的大小、按钮、菜单等控件可以写代码实现也可以通过工具箱实现，但是程序的逻辑功能代码是需要开发人员手动编写的。这种编程叫作可视化编程。

【例 1-3】 单击"显示"按钮，将指定文字显示在文本框中，程序运行界面如图 1.10 所示。

创建过程如下。

启动 Visual Studio 2013,选择"文件"→"新建"→"项目"→"新建项目"命令,弹出如图 1.7 所示的界面,选择"模板"→Visual C♯→"Windows 窗体应用程序"选项,然后为所创建的解决方案和项目命名并选择所要存放的路径。单击"确定"按钮,系统将建立一个 Windows 应用程序项目 1-3,并进入 VS 系统,系统将自动创建 Program.cs 和 Form1.cs 两个 C♯ 文件。

单击"工具箱"窗格中的"所有 Windows 窗体"选项,出现"所有 Windows 窗体"下拉列表,将 1 个 TextBox 控件和 1 个 Button 控件拖曳到 Form1 窗体上,摆放好位置。右击 Button1 控件,选择"属性"选项,在"属性"窗格(如图 1.11 所示)中找到 Text 属性,修改其值为"显示"。

图 1.10　例 1-3 运行结果

图 1.11　"属性"窗格

双击"显示"按钮,打开代码窗口,在按钮的 Click()事件方法中,添加如下代码。

```
using System;
using System.Collections.Generic;
using System.ComponentModel;
using System.Data;
using System.Drawing;
using System.Linq;
using System.Text;
using System.Threading.Tasks;
using System.Windows.Forms;

namespace _1_3
{
    public partial class Form1 : Form
    {
        public Form1()
        {
            InitializeComponent();
        }
        private void button1_Click(object sender, EventArgs e)
```

```
            {
                textBox1.Text="欢迎来到C#世界";
            }
        }
    }
```

Windows应用程序跟控制台应用程序一样,也有前面讲的程序框架,只是为了帮助大家更好、更快地开发程序,系统已把程序框架搭好,并且创建了一个供编程人员设计界面的窗体。

控件是对象,可以用它传递信息,并通过它向系统输入信息或者响应用户操作,它们被放在Form对象中,各控件具有自己的一些属性、方法和事件。

1.3.3 Web应用程序

除了Windows应用程序以外,使用C#还可创建Web应用程序、Web服务、Web控件等更多的内容。Web应用程序基于浏览器/服务器结构,程序运行于服务器端。客户和服务器之间使用Web页面进行交互。例如,在线电子商务网站、论坛、博客等都是Web应用程序。ASP.NET是一种建立动态Web应用程序的技术。可以使用C#编写ASP.NET应用程序。ASP.NET使用Web窗体(Web Form)来创建功能强大并且可以编程的Web页面。

从VS 2012开始,开发网站已经全面切换到使用NuGet这个第三方开源工具来管理项目包和引用模块了。在使用VS 2013开发网站时,都要装NuGet插件(官网:http://nuget.org),进官网单击"安装"按钮就进入了微软的下载页面。也可以选择VS 2013的"工具"→"扩展和更新"→"联机"命令,搜索NuGet Package Manager,在搜索结果里单击NuGet Package Manager for Visual Studio 2013,如图1.12所示,安装即可。

图1.12 安装NuGet插件

【例1-4】 使用Web应用程序实现在网页中显示"欢迎来到C#世界"。

启动Visual Studio 2013,选择"文件"→"新建"→"网站"命令,打开"新建网站"对话框,弹出如图 1.13 所示的界面。选择"模板"→Visual C#→"ASP.NET 空网站"选项,然后为所创建的解决方案和项目命名并选择所要存放的路径。单击"确定"按钮,系统将建立一个 ASP.NET 应用程序。

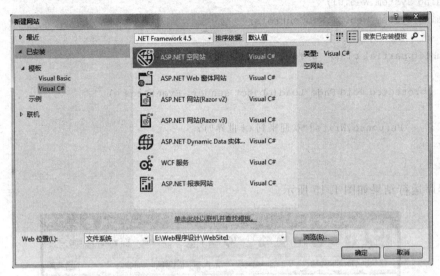

图 1.13 "新建网站"对话框

在解决方案资源管理器中右击网站名称,在弹出的菜单中选择"添加"→"添加新项"命令,弹出如图 1.14 所示的界面。选中"Web 窗体"选项,单击"添加"按钮,可以在此空网站中添加一个 Web 窗体。

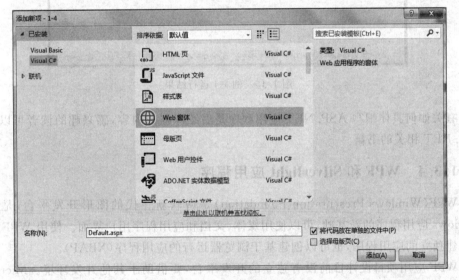

图 1.14 "添加新项-1-4"对话框

代码如下。
using System;

```
using System.Collections.Generic;
using System.Linq;
using System.Web;
using System.Web.UI;
using System.Web.UI.WebControls;

public partial class _Default : System.Web.UI.Page
{
    protected void Page_Load(object sender, EventArgs e)
    {
        Response.Write("欢迎来到 C#世界");
    }
}
```

程序运行结果如图 1.15 所示。

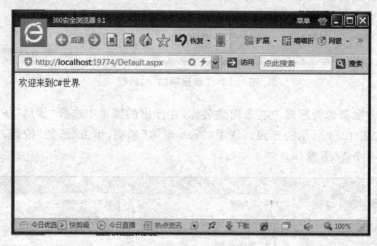

图 1.15　例 1-4 运行结果

有关如何具体编写 ASP.NET 应用程序是后续课程的内容，感兴趣的读者可以参考 ASP.NET 相关的书籍。

1.3.4　WPF 和 Silverlight 应用程序

WPF(Windows Presentation Foundation)是微软新一代的图形开发平台，是生成 Windows 应用程序的新基础，可以使用媒体、文档和应用程序用户界面。使用 WPF 既可以创建独立的应用程序，也可以创建基于浏览器运行的应用程序(XBAP)。

WPF 应用项目设计目前没有独立的开发平台，要借助于其他开发环境。Microsoft Visual Studio 是天然的强大的开发环境；另一个开发环境是微软提供的 Expression Blend 可视化设计平台，和 Visual Studio 可以有机集成，使用 C♯或 VB.NET 作为后台开发语言。Microsoft Expression Blend 是微软用于设计 WPF 应用程序的标志性工具，为设计人员创建精致的 WPF 应用程序界面提供了非常实用的创作环境，是一款功能强大的设计工具。它是一个非常人性化的、简洁的、功能强大的设计环境。文字设计、色彩设计、矢量图形设计、二维图形呈现、三维图形呈现、音频视频呈现和内置的动画创作等环节在这里非常简单方便。

WPF 4 是 2010 年 6 月发布的版本，内置动画、媒体表现、网络交互等多项功能，并且在 Visual Studio 2013 中内置了 Blend 开发环境。

【例 1-5】 创建一个 WPF 应用程序。

启动 Visual Studio 2013，选择"文件"→"新建"→"项目"→"新建项目"命令，再选择"模板"→Visual C♯→"WPF 应用程序"选项，然后为所创建的解决方案和项目命名并选择所要存放的路径。单击"确定"按钮，系统将创建一个 WPF 应用程序项目 1-5，如图 1.16 所示。

图 1.16 创建 WPF 应用程序

此时已经建了一个 WPF 应用程序，界面中包含是 MainWindow.xaml 文件、MainWindow.xaml 文件的 XAML 代码、解决方案资源管理器，未添加任何代码，按 F5 键运行程序，出现一个和 Windows 窗体类似的空窗口，如图 1.17 所示。

XAML(eXtensible Application Markup Language，可扩展应用程序置标语言)是设计师与程序员之间沟通的枢纽，是 WPF 技术中专门用于设计 UI 的语言，是一种基于 XML 的语言。

创建 Silverlight 应用程序和 WPF 应用程序在很多操作上是相似的。由于 Silverlight 在 WPF 的基础上去掉了一些不常用的功能，简化了一些功能的实现，对多组实现同一目的的类库进行删减，只保留一组，再添加一些网络通信的功能，在某种程度上可以说 Silverlight 是 WPF 的一个子集，或 Silverlight 是"网络版"的 WPF。

【例 1-6】 创建一个 Silverlight 应用程序。

和例 1-5 类似，在图 1.16 的中间部分选中"Silverlight 应用程序"选项，即可创建一个 Silverlight 应用程序，如图 1.18 所示。

在 VS 的"解决方案资源管理器"中，可以看到生成了两个项目，名称分别为 1-6 和 1-6.

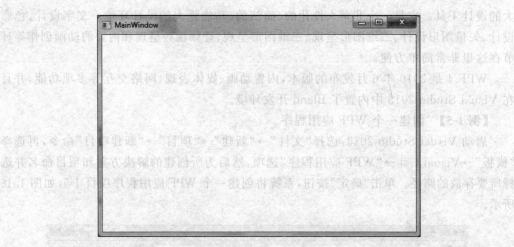

图 1.17 例 1-5 运行结果

图 1.18 创建 Silverlight 应用程序

Web。项目 1-6.Web 下包含一个名为 ClientBin 的文件夹,它是自动生成的,其中有.xap 程序包,1-6TestPage.html 就是发布的网页程序。这时在硬盘中的项目文件夹中也自动建立了两个文件夹:1-6 和 1-6.Web。

有关如何具体编写 WPF 和 Silverlight 应用程序是后续课程的内容,感兴趣的读者可以参考相关的书籍。

1.3.5 Windows Phone 应用程序

目前,市场上手机 App 开发有三个主要平台——Android(安卓)应用程序、iOS(苹果)应用程序和 Windows Phone(WP)应用程序。

(1) 开发 Android 应用程序:需要掌握 Java 语言和 XML 知识,并且安装 Eclipse 和

Android SDK 开发环境。

（2）开发 iOS 应用程序：需要掌握 Objective C 语言，安装 XCode 开发环境，并且需要有足够的 iPhone 使用经验与体会。主要的开发将集中于界面开发、数据库开发、通信接口开发、协同开发与联调等。

（3）开发 Windows Phone 应用程序：需要掌握 C♯ 语言（或 VB.NET、C++ 语言），除了需要安装 Visual Studio 外，也要安装 Windows Phone SDK。

对于 Windows Phone 应用程序，感兴趣的读者可以参考相关的书籍。

2010 年 10 月，微软公司发布全新的智能手机操作系统——Windows Phone。该系统具有图标拖曳、滑动控制等一系列功能。Windows Phone 集企业应用和生活娱乐于一身，其具有的流畅、高效、良好的用户体验等特点吸引着众多 .NET 开发者。2012 年 6 月，微软公司正式发布了 Windows Phone 8 操作系统，该系统与新一代操作系统 Windows 8 具有相同的 NT 内核，体现了微软公司希望将个人计算机、笔记本电脑、平板电脑以及移动终端等平台进行整合的发展目标。

本章小结

本章主要对 C♯ 语言进行了概述介绍，同时对 C♯ 的开发环境和运行环境进行了说明。通过 6 个应用程序示例，使读者了解 C♯ 应用程序及其基本结构。通过本章的介绍，为后续的内容打下基础。

习题

填空题

1. .NET 框架由两个组件组成，分别是_____和_____。
2. C♯ 语言程序的文件扩展名是_____。
3. _____类表示控制台应用程序的标准输入流、输出流。
4. C♯ 语言可以创建控制台应用程序、_____应用程序和 Web 应用程序等。
5. C♯ 语言中的注释有_____和_____，其中_____只能用于单行注释。

第 2 章 表达式求值

基本数据类型和表达式等概念都是 C# 程序设计的基础,应用程序总是需要处理数据,而现实世界中,数据类型是多种多样的,必须让计算机了解需要处理什么样的数据,以及以什么样的方式处理,按什么格式保存数据等。

CTS(Common Type System,通用类型系统)是 CLR(公共语言运行库)的核心内容,它为.NET 平台的多语言特性提供了支持。CTS 定义了所有的数据类型,并提供了面向对象的模型及各种语言需要遵循的标准。CTS 分为值类型和引用类型两大类,同时支持这两大类之间的转换。

2.1 值类型

值类型的变量直接存储数据,当定义一个值类型的变量时,C# 根据所声明的类型,在堆栈上分配一块大小相适应的存储区域给这个变量,随后对这个变量的读/写操作就直接在这块内在区域上进行。

值类型包括整数类型、实数类型(浮点类型)、字符类型、布尔类型、结构类型和枚举类型。下面依次进行介绍。

1. 整数类型

C# 中共定义了 8 种整数类型,它们的区别在于所占存储空间的大小、是否有符号以及所能表示的整数的范围。

表 2.1 列举出了 8 种整数类型的基本信息。

表 2.1 8 种整数类型

数据类型	CTS 类型名	说　明	取　值　范　围
sbyte	SByte	8 位有符号整数类型	−127～128
byte	Byte	8 位无符号整型类型	0～255
short	Int16	16 位有符号整数类型	−32768～32767
ushort	UInt16	16 位无符号整型类型	0～65535
int	Int32	32 位有符号整数类型	−2147483648～2147483647
uint	UInt32	32 位无符号整型类型	0～4294967295

续表

数据类型	CTS 类型名	说　　明	取　值　范　围
long	Int64	64 位有符号整数类型	−9223372036854775808 ~9223372036854775807
ulong	UInt64	64 位无符号整型类型	0~18446744073709551615

在使用整数类型时,如果超出了规定的取值范围,则程序会发生溢出。例如:

```
int x=2147483647;
Console.WriteLine(x);
x+=5;
Console.WriteLine(x);
```

代码中,在为 x 赋初值时,x 在 int 的取值范围内,可以正常输出;当 x 的值加 5 后,超出了 x 的最大取值范围,因此发生了溢出现象。程序的输出结果如下。

```
2147483647
-2147483644
```

因此,一定要注意各种整型数据类型的取值范围,以免发生溢出现象,得到不正确的结果。

2. 实数类型

实数类型包括三种:float(单精度浮点类型)、double(双精度浮点类型)和 decimal(十进制小数类型)。浮点类型同样受到精度和范围的限制。表 2.2 列举出了 3 种浮点类型的基本信息。

表 2.2　3 种浮点类型

数据类型	CTS 类型名	说　　明	取　值　范　围
float	Single	32 位单精度浮点类型,精度为大约 7 位有效数字	$\pm 1.5 \times 10^{-45}$ ~ $\pm 3.4 \times 10^{38}$
double	Double	64 位双精度浮点类型,精度为大约 15、16 位有效数字	$\pm 5.0 \times 10^{-324}$ ~ $\pm 1.7 \times 10^{308}$
decimal	Decimal	128 位高精度十进制数类型,大约 28、29 位有效数字	$\pm 1.0 \times 10^{-28}$ ~ $\pm 7.9 \times 10^{28}$

float 和 double 类型的区别在于取值范围和精度不同,在对精度要求不是很高的浮点数计算中,可以采用 float 类型,而采用 double 类型获得的结果将更为精确。如果程序中大量使用 double 类型,将会占用更多的内存单元,使计算机的处理任务也更加繁重。

decimal 类型主要用于在统计、金融和货币方面的计算,它有很高的精确度,但取值范围要远远小于 double 类型。

默认的小数格式书写的实数都为 double 类型。声明 float 类型的变量时需要在小数的后面加 f。声明 decimal 类型的变量时需要在小数后面加 m。

例如:

```
float f=1.1f;
double a=1.1;
decimal b=1.1m;
```

3. 字符类型

除了数字之外,计算机处理得最多的就是字符。它包括字母、数字、标点符号以及特殊的控制字符等。C♯中采用 Unicode 字符集来表示字符类型。一个 Unicode 的标准字符长度为 16 位,用它可以表示世界上的大多种语言。

定义一个字符变量,可以使用如下语句。

```
char x='a';
```

注意:表示字符时要用单引号括起来。

另外,可以直接通过十六进制转义符(前缀\x)或 Unicode 表示法(前缀\u)为字符变量赋值。例如:

```
char x='\x0041';
char y='\u0041';
Console.Write(x);
Console.Write(y);
```

程序的输出结果为 AA。

和 C 语言一样,在 C♯ 中也存在转义字符,用来在程序中指代特殊的控制字符。转义字符是通过"\"加其他常规字符来表示的。表 2.3 列出了常用的转义字符。

表 2.3 常用的转义字符

转 义 字 符	字 符 名 称	转 义 字 符	字 符 名 称
\'	单引号	\"	双引号
\\	反斜杠	\0	空字符
\a	感叹号	\b	退格
\f	换页	\n	换行
\r	回车	\t	水平 tab
\v	垂直 tab		

例如,\n 代表换行,语句"Console. WriteLine("hello\n\nworld");"的输出结果如下。

```
hello

world
```

输出结果时,hello 和 world 中间空两行。

4. 布尔类型

布尔类型(bool)表示布尔逻辑值,取值为 true 或 false,分别表示真和假。布尔类型在计算机机中应用得非常广泛。定义布尔类型可使用如下语句。

```
bool b=true;
bool b1=false;
```

在 C 语言中,可以用 0 表示假,用其他任何非 0 的式子表示真。但是在 C♯ 中,不可以使用这种方式,即 true 不能用 0 替代,false 也不能被其他非零值所替代。布尔类型和其他任何类型不存在转换关系,如 bool x=9 这种写法是错误的。

5. 结构体类型

利用上面介绍的类型,可以进行一些常用的数据运算、文字处理。但是在实际应用中,经常会遇到一些复杂的数据类型,如在记录学生信息时,需要包含学生的学号、姓名、年龄、成绩等内容,若按照上面的类型来处理,每条记录都要存放到 4 个不同的变量中,这样工作量很大,又不直观。

C♯ 提供了结构体类型。结构体类型用来组合一些相关的信息,形成一种新的复合数据类型。结构体类型的元素可由不同的值类型变量构成,这些变量称为结构体的成员。结构体的成员没有类型的限制,可以是任何值类型,甚至包括结构体类型本身。结构体中可以包含字段、方法、属性、事件、索引等成员。结构体类型是在主函数外声明的。

结构体类型的变量使用 struct 来声明。

例如,对于每条学生记录,可以通过结构体定义如下。

```
struct student                          //定义结构体类型
{
    string stu_id;
    string name;
    int age;
    int score;
}
student s;                              //结构体变量声明
```

【例 2-1】 结构体类型的使用,程序运行界面如图 2.1 所示。

图 2.1 例 2-1 运行结果

程序代码如下。

```
namespace _2_1
{
```

```
struct student
{
    public string stu_id;
    public string name;
    public int age;
    public int score;
}
class Program
{
    static void Main(string[] args)
    {
        student s;
        s.stu_id="1330060101";
        s.name="张三";
        s.age=19;
        s.score=99;
        Console.WriteLine("学号: "+s.stu_id);
        Console.WriteLine("姓名: "+s.name);
        Console.WriteLine("年龄: "+s.age);
        Console.WriteLine("成绩: "+s.score);
    }
}
```

这里面,在结构体内部,在各个变量前面加了访问修饰符 public 关键字,表明后面的变量为公有的,可以被访问,具体的含义在后面的访问修饰符内容中介绍。

6. 枚举类型

枚举类型(enum)是一组命名的常量集合,其中每一个元素称为枚举成员列表。枚举成员的类型可以为 long、int、short 和 byte 等整数类型。枚举使用 enum 关键字来定义。

如果一个变量有几种可能的值,就可以定义为枚举类型。声明一个枚举类型时,要指定该枚举可以包含的一组可接受的实例值。

枚举类型的语法如下。

```
enum  typeName[: base_type]
{
    enumerator_list
}
```

其中,enum 为声明枚举类型的关键字;typeName 为所声明的枚举类型的变量名称;base_type 为整数类型,省略不写时,默认为 int 类型;enumerator_list 为枚举成员列表,成员之间用逗号隔开。在声明时,可以对成员进行赋值,不赋值时默认为 0,在此之后的成员值依次加 1。

【例 2-2】 枚举类型的使用,程序运行界面如图 2.2 所示。

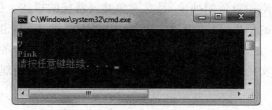

图 2.2 例 2-2 运行结果

程序代码如下。

```
namespace _2_2
{
    class Program
    {
        enum Color
        {
            Red,
            Yellow,
            Blue=5,
            Green,
            White,
            Pink
        }
        static void Main(string[] args)
        {
            int a=(int)Color.Red;
            Console.WriteLine(a);
            Console.WriteLine((int)Color.White);
            Console.WriteLine(Color.Pink);
        }
    }
}
```

2.2 引用类型

引用类型继承自 Object，引用类型变量存储的是数据在内存中的地址，而实例则被分配在可以进行垃圾回收的堆中。由于一份数据可以被多个变量引用，使用这种变量类型能够起到节省内在资源的作用。由于数据只有一份，一个引用对数据进行的修改也会影响到其他引用。引用类型的变量可以为空，表示不指向任何对象。引用类型包括类、接口、委托、数组、字符串等。

1. 类

类是面向对象编程的基本单位，是一组具有相同数据结构和相同操作的对象的集合。

类是对一系列相同性质的对象的抽象,是对对象共同特征的描述。比如学生即为一个类,有"张三""李四"这样的学生,每一个学生即为学生类的一个实例,也叫对象。

类是对象的抽象,定义了对象的特征,其中包括表示对象内在的属性及描述对象行为的方法。对象是类的实例,在创建对象之前,必须先定义该对象所属的类。

2. 接口

接口是用来定义一种程序的协定。接口好比一种模板,这种模板定义了实现接口的对象必须实现的方法,其目的就是让这些方法可以作为接口实例被引用。

3. 委托

委托类似于 C 和 C++ 等编程语言中的函数指针,用于封装对某个方法的调用过程。在 C♯ 中,委托是引用类型,它是完全面向对象的,它所封装的方法必须与某个类或对象相关联。

4. 数组

数组主要用于对同一数据类型的变量进行批量处理。这些变量具有相同的数据类型,并且排列有序,可以用一个统一的数组名称和下标唯一确定数组中的元素。

在 C♯ 中,所有的数组都是从 System.Array 类派生而来的,因此可以直接使用该类中的属性和方法,如 Length 属性可以获取数组的长度。

访问数组元素时需要注意:数组元素的起始下标是从 0 开始的,以长度-1 结束,注意不要出现下标越界现象。

1) 一维数组的声明和初始化

数组声明之后要进行初始化后方能使用,初始化可以使用 new 关键字并且指定数组的长度,然后再对数组中的各个元素赋值,如下所示。

```
int[] a;
a=new int[3];
a[0]=1;
a[1]=2;
a[2]=3;
```

也可以在初始化的同时对数组元素赋值,如下所示。

```
int[] a=new int[] {1,2,3};
```

也可以简写为如下形式。

```
int[] a={1,2,3};
```

2) 多维数组的声明和初始化

这里以二维数组为例,其他维数的数组与此类似。

例如:

```
int[,] a=new int[,] { {1,1},{2,2},{3,3} };
```

也可以简写为

```
int[,] a={ { 1, 1 }, { 2, 2 }, { 3, 3 } };
```

表示创建了一个3行2列的数组。

3) 不规则数组的声明和初始化

不规则数组是数组的数组,可以把它理解为广义上的一维数组。数组中的每个元素又是一个数组,这些子数组的长度可以各不相同。不规则数组的定义需要使用多个中括号,而且需要分别对各个子数组进行初始化。例如:

```
int[][] a=new int[3][];              //不规则数组由3个数组元素组成
a[0]=new int[]{1};                   //第一个子数组中包含1个元素
a[1]=new int[]{1,2};                 //第二个子数组中包含2个元素
a[2]=new int[]{1,2,3};               //第三个子数组中包含3个元素
```

当数组具有初值时,就可以像访问其他变量一样访问数组元素,既可以取数组元素的值,也可以修改数组元素的值。C#中通常使用数组名和数组下标来访问数组元素。

例如,一维数组在访问时使用a[0],二维数组在访问时使用a[0,0],不规则数组在访问时使用a[0][0]。

【例2-3】 求数组中的最大值和最小值并输出,程序运行结果如图2.3所示。

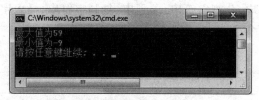

图2.3 例2-3运行结果

程序代码如下。

```
namespace _2_3
{
    class Program
    {
        static void Main(string[] args)
        {
            int max, min;
            int[] a=new int[10] { 1, 34, 5, 9, 23, 59, -9, 0, 40, 22 };
            max=a[0];
            min=a[0];
            for(int i=1; i<a.Length; i++)
            {
                if(max<a[i])     max=a[i];
                if(min>a[i])     min=a[i];
            }
            Console.WriteLine("最大值为{0}", max);
```

```
                Console.WriteLine("最小值为{0}", min);
        }
    }
}
```

5. 字符串

在 C#语言中,使用 string 关键字来声明一个字符串。字符串可以看作由字符组成的数组,放在一个双引号内括起来。字符串为引用类型。

声明字符串类型的变量的示例如下。

```
string s="helloworld";
```

字符串中可以包含转义字符,如 string s="hello\nworld"表示

```
hello
world
```

@符号表示忽略转义字符和分行符,例如,"c:\\a\\b.txt"和@"c:\a\b.txt"两个字符串是完全相同的。

string 实际是指向.NET 类库中的 System.String 类,String 类提供了很多处理字符串的方法,如比较字符串、分割字符串、求子串、复制字符串、插入字符串等。

String 类常用的方法如表 2.4 所示。

表 2.4 String 类常用的方法

方 法	说 明
Compare()	比较两个字符串的值,返回一个整型值。0:相等;1:第一个比第二个大;-1:第一个比第二个小
StartsWith()	判定字符串是否以指定的字符串开始,返回一个布尔值
IndexOf()	返回字符串实例中的第一个匹配项的索引
Trim()	从字符串的开始位置和末尾移除空格
Remove()	从字符串中的指定索引位置移除指定数量的字符
PadLef()	右对齐并填充字符串,以使字符串的开始到最右边的字符达到指定的长度
PadRight()	左对齐并填充字符串,以使字符串的开始到最右边的字符达到指定的长度
Split()	把字符串分解成由其子串组成的字符串数组
Join()	用指定的分隔符把特定的字符数组的各元素连接起来,生成一个单个的字符串
Substring()	从字符串中返回从指定的字符位置开始的具有指定长度的字符串
Insert()	在指定索引处插入一个指定字符串

【例 2-4】 String 类方法的使用,程序运行结果如图 2.4 所示。
程序代码如下。

```
static void Main(string[] args)
{
```

图 2.4　例 2-4 运行结果

```
Console.WriteLine("请输入用户名：");
String s=Console.ReadLine();
if (String.Compare(s, "liying")==0)
{
    Console.WriteLine("开始演示方法：");
    string str1="Hello";
    //string str2="";
    Console.WriteLine("1、复制字符串:{0}", String.Copy(str1));
    Console.WriteLine("2、子串：{0}", str1.Substring(3, 2));
    Console.WriteLine("3、插入：{0}", str1.Insert(3, "* * * * * * *"));
}
else
{
    Console.WriteLine("用户名错误,退出程序");
}
```

2.3　变量与常量

2.3.1　变量

变量是指用于保存某个特定数据类型的值的存储器单元的名称,在程序运行过程中,该存储单元所存储的数据值可变。变量在定义时,系统会分配给该变量一个存储空间,而定义或声明变量时所指定的变量的数据类型则决定了存储空间中的数据的类型及其空间大小。

变量通常用于保存程序运行过程中的输入数据、计算的结果值及其中间数据等。

变量必须先声明,之后才能使用。变量的声明主要是告诉编译器为该类型的数据值保留足够大的存储空间,并给这一空间附了一个名称。之后对该单元内数据的操作,主要就是通过这个名称的引用来实现的。

变量的声明格式如下。

[访问修饰符] 数据类型 变量名;

访问修饰符用于描述对变量的访问级别和是否是静态变量等,有 public、private、protected、internal、protected internal 5 种类型,其基本含义见表 2.5。若省略修饰符,默认为 private 类型。

表 2.5 变量的访问修饰符

访问修饰符	含 义
public	变量在程序的任何位置均可以被访问
protected	变量只能在所属的类中被访问，或者在派生该类的其他类中被访问
internal	变量只能在当前程序段中被访问
private	变量只能在其所属的类中被访问
protected internal	变量只能在当前程序段中被访问，或者在派生当前类的其他类中被访问

变量的名称属于标识符(用户自己定义的一系列字符序列)，定义标识符有相应的规范，因此变量的命名必须符合标识符命名规范。

(1) 标识符只能由字母、数字、下划线组成，且必须以字母或下划线开头，如 str1、_button 等均为合法标识符。

(2) 标识符是用以标识不同对象的，因此用户定义的标识符要有一定的意义，从而提高程序的可读性与记忆性。

(3) 用户定义的标识符不能与 C♯ 语言的关键字同名。

(4) C♯ 对标识符的大小写敏感，因此在标识符的定义与使用中要注意大小写一致。

【例 2-5】 变量的使用，程序运行结果如图 2.5 所示。

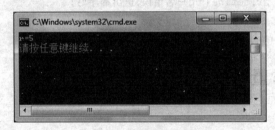

图 2.5 例 2-5 运行结果

程序代码如下。

```
namespace _2_5
{
    class Program
    {
        static void Main(string[] args)
        {
            int i=3, j=2, r;
            r=i+j;
            Console.WriteLine("r="+r);
        }
    }
}
```

可以看出,在同一行中可以同时声明多个相同数据类型的变量,并且所有变量在声明过程中允许有或没有初始值。

2.3.2 常量

与变量相比,常量是程序运行过程中其值始终保持不变的存储单元的名称。常量同样也是一个标识符,其命名方法也必须符合标识符命名规范。

变量在程序运行过程中其值是可以变化的,而常量却是始终保持一个固定不变的值。除此之外,其他相关声明与使用方法和变量类似。

常量的声明格式如下。

[修饰符] const 数据类型 常量名=常量表达式;

注意: "修饰符"和声明变量时的修饰符相同;const 是定义常量的关键字;声明常量时必须给定具体的数值(可以是常量表达式)。

2.4 类型转换

在表达式的计算中,常常需要把数据从一种类型转换为另外一种类型,C#中提供了隐式类型转换和显式类型转换。

2.4.1 隐式类型转换

隐式类型转换(又叫自动转换)是指从类型 A 到类型 B 的转换可以在任何情况下进行,由编译器自动转换,用户不需要做任何工作。

例如,对于语句"int i=0; long m=1000; m=i;",由于 long 类型的取值范围大于 int 类型的取值范围,因此在转换的过程中不会丢失数据。

表 2.6 列出了能够进行隐式类型转换的数值类型。

表 2.6 隐式类型转换

类 型	可隐式转换的类型
byte	ushort、short、uint、int、ulong、long、float、double、decimal
sbyte	short、int、long、float、double、decimal
short	int、long、float、double、decimal
ushort	uint、int、ulong、long、float、double、decimal
int	long、float、double、decimal
uint	ulong、long、float、double、decimal
long	float、double、decimal
ulong	float、double、decimal
char	ushort、uint、int、ulong、long、float、double、decimal
float	double

2.4.2 显式类型转换

显式类型转换又叫强制类型转换,它需要明确指定转换的类型。

例如,对于语句"int i=0; long m=1000; i=m;",虽然 m 的值在 int 的取值范围内,但进行类型转换时会编译出错:"无法将类型 long 隐式转换为 int,存在一个显式转换(是否缺少强制转换?)"。此时就需要进行强制类型转换:"i=(long)m;"。

在进行强制类型转换时,都要在被转换的类型前显式地加上所要转换的类型。由于显式类型转换存在从大取值范围向小取值范围的类型的转换,因此可能出现数据丢失的情况,在使用时需要注意。

【例 2-6】 显式类型转换和隐式类型转换的示例,程序运行结果如图 2.6 所示。

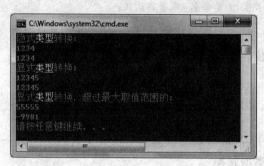

图 2.6 例 2-6 运行结果

程序代码如下。

```
namespace _2_6
{
    class Program
    {
        static void Main(string[] args)
        {
            Console.WriteLine("隐式类型转换:");
            short i=1234;
            Console.WriteLine(i);
            int s=i;
            Console.WriteLine(s);
            Console.WriteLine("显式类型转换:");
            long l=12345;
            Console.WriteLine(l);
            int i1=(int)l;
            Console.WriteLine(i1);
            Console.WriteLine("显式类型转换,超过最大取值范围的:");
            long l1=55555;
            Console.WriteLine(l1);
```

```
            short s1=(short)l1;
            Console.WriteLine(s1);
        }
    }
}
```

从程序运行的结果可以看出,当显式类型转换超过类型的取值范围时,所得的结果是不正确的。

2.4.3 装箱和拆箱

在C♯中,除了能进行值类型的隐式转换和显式转换外,值类型和引用类型之间也可以转换。C♯中称为装箱(Boxing)和拆箱(UnBoxing)。

装箱转换是指从值类型到引用类型的隐式转换,包括从任何值类型到 System.Object 类型的转换。装箱时,在将值类型指定给引用类型数据时,系统会先从堆中分配一块内存,然后将值类型数据复制到这块内存,最后使引用类型数据指向这块内存。

拆箱操作与装箱操作正好相反,是指从引用类型到值类型的显式转换,在拆箱过程中,需要注意的是,只能将已装箱的数据拆箱为装箱前的类型。

【例 2-7】 装箱、拆箱操作示例,程序运行结果如图 2.7 所示。

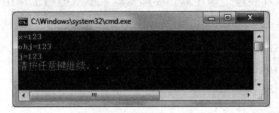

图 2.7 例 2-7 运行结果

程序代码如下。

```
namespace _2_7
{
    class Program
    {
        static void Main(string[] args)
        {
            int i=123;
            object obj=123;                    //装箱
            int j=(int)obj;                    //拆箱
            Console.WriteLine("x={0}", i);
            Console.WriteLine("obj={0}", obj);
            Console.WriteLine("j={0}", j);
        }
```

            }
        }

进行多次装箱和拆箱操作,会对程序的性能有一定的影响,因此要谨慎使用。

2.5 运算符和表达式

C#中的表达式类似于数学运算中的表达式,是由操作数和运算符组成的。操作数可以是一个变量、常量或者另外一个表达式,运算符指明了作用于操作数的操作方式。

下面简单介绍一下各类运算符。

2.5.1 算术运算符

算术运算符包括+(加)、-(减)、*(乘)、/(除)、%(取余)、++(自增)、--(自减)共7个,操作数类型可以是整型和浮点类型。+、-、*、/和数学运算一样,分别实现两个数的求和、求差、求积以及两个数相除。需要注意的是,当两个整数相除时,结果仍然为整数,如10/2的结果为5,9/2的结果为4,如果其中任意一个或两个数是浮点类型,则结果为浮点数,如7.0/2的结果为3.5。

%(取余)运算符计算两个操作数相除的余数。取余的两个操作数可以为整型或者浮点型,示例代码如下。

```
Console.WriteLine(5%2);
Console.WriteLine(4%2);
Console.WriteLine(5.55%2);
```

输出的结果如下。

```
1
0
1.55
```

++和--是自增和自减的运算符,二者均为一元运算符,它作用的操作数必须是变量,不能是常量或表达式。++和--可以放在操作数的前面,也可以放在操作数的后面。二者有共同也有不同。

如x++和++x,不管是前缀还是后缀,它们的结果都是使操作数的值加1,这点是它们的共同点。

而在表达式运算中就是有区别的,示例代码段如下。

```
int x=10;
int y=++x;
int k=10;
int z=k++;
Console.WriteLine("x={0}", x);
```

```
Console.WriteLine("y={0}", y);
Console.WriteLine("z={0}", z);
```

输出的结果如下。

```
x=11
y=11
z=10
```

由此可见,如果++和--出现在操作数前面,先将操作数的值加1,再将值赋给左边的变量;如果++和--出现在操作数后面,则是先将操作数年的值赋给左边的变量,然后再将操作数的值加1,在使用时尤其注意,以免出现意想不到的结果。

2.5.2 关系运算符

关系运算符包括>(大于)、<(小于)、>=(大于等于)、<=(小于等于)、==(相等)和!=(不等于),关系运算符为二元运算符,运算的结果是布尔类型的值(true或false)。

>、<、>=、<=以大小或前后顺序作为比较的标准,要求操作数的类型只能为整型、浮点型、字符以及枚举类型等。例如:

```
int x=11;
int y=11;
Console.WriteLine(x<y);                    //false
Console.WriteLine(x<=y);                   //true
Console.WriteLine(x>y);                    //false
Console.WriteLine(x>=y);                   //true
```

==和!=的操作数可以是数值类型,也可以是引用类型。若为数值类型,则用来比较它们的数据值;而对于引用类型,若相等,说明两个引用指向同一个对象实例。例如:

```
string a="hello";
string b="hello";
Console.WriteLine ( a==b);                 //true
Console.WriteLine(a !=b);                  //false
```

一般情况下,条件运算符通常用于分支语句和循环语句的条件判断。

2.5.3 逻辑运算符

逻辑运算符包括&&(逻辑与)、||(逻辑或)和!(逻辑非)。其中&&和||有两个操作数,!有一个操作数,逻辑运算符只能用于操作布尔类型的操作数,且返回值为布尔类型。

表2.7列举出了逻辑运算规则。

表 2.7　逻辑运算规则

操作数 1	操作数 2	&&	||
true	true	true	true
true	false	false	true
false	true	false	true
false	false	false	false

对于！运算符，!true 的结果为 false，!false 的结果为 true。

&& 和 || 是短路运算，短路是指在逻辑运算的过程中，如果通过第一个操作数就可以得知运算之后的结果，则不计算第二个运算符。设 a、b 两个操作数为布尔类型的变量、常量或表达式，则有如下规则。

(1) 对于 a&&b，只有 a 的值为 true 时，才继续计算 b 的值；若 a 的值为 false，则整个表达式的值已经为 false，此时不需要计算 b 的值。

(2) 对于 a||b，只有 a 的值为 false 时，才继续计算 b 的值；若 a 的值为 true，则整个表达式的值为 true，此时不需要再计算 b 的值。

【例 2-8】 逻辑运算符示例，程序运行结果如图 2.8 所示。

程序代码如下。

```
namespace _2_8
{
    class Program
    {
        static void Main(string[] args)
        {
            bool z;
            int x=3, y=5;
            z=x<y && (--y<5);
            Console.WriteLine("y={0}", y);
            Console.WriteLine("z={0}", z);
            z=x>y&& (x++>4);
            Console.WriteLine("x={0}", x);
            Console.WriteLine("z={0}", z);
            Console.WriteLine("逻辑非!z={0}", !z);
        }
    }
}
```

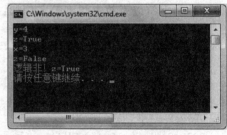

图 2.8　例 2-8 运行结果

对第一个 z 求值时，由于 x<y 的值为 true，所以需要进行后面的计算，y 的值减 1 变为 4。在对第二个 z 求值时，由于 x>y 的值为 false，对于 && 运算，结果已经知道为 false 了，所以不需要再计算后面的表达式，则 x 的值不变，为 3。

2.5.4 位运算符

位运算符包括 &（按位与）、|（按位或）、^（按位异或）、~（按位取反）、<<（左移）和 >>（右移）。位运算的操作数为整型或者是能够转换为整型的其他类型。在运算过程中，这些整数被看作二进制整数，然后通过位运算符对各个二进制位进行运算。

进行位操作时需要注意操作数的符号问题：若操作数是无符号整数，则运算以无符号二进制整数形式进行计算并返回结果；若是有符号整数，则以有符号二进制整数形式进行运算并返回结果。

表 2.8 列出了位运算规则。

表 2.8 位运算规则

位 1	位 2	&	|	^	~（对位 1）
0	0	0	0	0	1
0	1	0	1	1	1
1	0	0	1	1	0
1	1	1	1	0	0

例如，若计算 3 和 9 的各种操作，3 的二进制值为 00000011，9 的二进制值为 00001001，进行按位与、或、异或及取反的结果如下。

```
3           00000011          00000011          00000011          00000011
9           00001001          00001001          00001001
          &————————         |————————         ^————————         ~————————
结果：       00000001          00001011          00001010          11111100
```

<< 是将操作数的二进制位依次左移，左边的高位被舍弃，右边的低位补 0。比如，对二进制数 00001001（十进制的 9）左移 3 位后，结果为 01001000（十进制的 72），其结果为原值乘以 2^3。

注意：若被移出的位中不存在 1 时，左移 n 位相当于原值乘以 2^n；但若移出的位有 1 时，值反而会变小，如对 00100010（十进制 34）左移 4 位，其结果为 00100000（十进制的 32）。

>> 是将操作数的二进制位依次右移，右边的低位被舍弃。对于有符号整数，若为正数，则高位补 0，若为负数则高位取 1；对于无符号整数，高位补 0。如对 00001001（十进制的 9）右移一位变成 00000100（十进制 4），右移 2 位变成 00000010（十进制的 2）。

2.5.5 赋值运算符

赋值运算符"="的作用是将一个数据赋给一个变量，如 int x=3，表示将 3 赋给变量 a。"="为简单赋值运算符，要求右操作数的数据类型与左操作数的数据类型相同，或者是右边的操作数可以隐式转换成左边操作数的类型。

除了简单赋值运算符外，C#中还包括 10 种复合赋值运算符：+=、-=、*=、/=、%=、&=、^=、|=、<<=、>>=。如 x+=5 的含义为 x=x+5；x<<=3 的含义

为 x=x≪3 位。

2.5.6 条件运算符

条件运算符"?:"是 C#中唯一的三元运算符。条件运算符的格式如下：

exp1 ? x : y;

其中，exp1 是一个布尔表达式，若表达式的值为 true,则计算表达式 x 的值并返回，若表达式的值为 false,则计算表达式 y 的值并返回。条件运算符是右结合运算符，即对于 a？b：c？d：e,计算时为 a？b：(c？d：e)。

【例 2-9】 条件运算符示例，求一个数的绝对值，程序运行结果如图 2.9 所示。

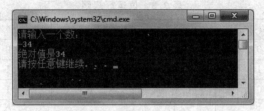

图 2.9 例 2-9 运行结果

程序代码如下。

```
namespace _2_9
{
    class Program
    {
        static void Main(string[] args)
        {
            Console.WriteLine("请输入一个数：");
            int x;
            //将从键盘上输入的字符串转换成整数类型
            x=int.Parse(Console.ReadLine());
            int y=x>=0 ?x: -x;
            Console.WriteLine("绝对值是{0}", y);
        }
    }
}
```

2.5.7 运算符的优先级与结合

当一个表达式含有多个运算符时，C#编译器需要知道先做哪个运算，这就是运算符的优先级。它控制各运算符的先后运算顺序，如 a+b∗c 是按 a+(b∗c)计算的，因为 ∗ 的优先级比＋高。当运算符的优先级相同时，是按照从左至右计算还是从右至左计算，这就要看运算符的结合性。例如，13－4－5 从左向右计算的结果是 4,而从右向左计算的结果是 14。"－"是左结合的。

表 2.9 列举出了运算符的优先级及结合顺序,优先级是按照由高到低排列的。

表 2.9 运算符的优先级及结合顺序

类 别	运 算 符	结合顺序
基本一元操作符	() . [] new typeof checked unchecked	从左至右
一元后缀	++ --	从右至左
一元前缀	++ -- + - ! ~	从右至左
乘法	* / %	从左至右
加法	+ -	从左至右
移位	<< >>	从左至右
关系和类型检测	< > <= >= is as	从左至右
相等	== !=	从左至右
按位与	&	从左至右
按位异或	^	从左至右
按位或	|	从左至右
逻辑与	&&	从左至右
逻辑或	||	从左至右
条件运算符	?:	从右至左
赋值	= *= /= %= += -= <<= >>= &= ^= |=	从右至左

本章小结

本章介绍 C# 语言的基础知识,主要包括各种数据类型及运算符、表达式的使用。

C# 中的数据类型分为值类型和引用类型,其中值类型包括整数类型、浮点类型、字符类型、布尔类型、结构类型和枚举类型;引用类型包括类、接口、委托、数组和字符串等。值类型和引用类型之间可以进行装箱和拆箱的操作。

本章还介绍了各种表达式的使用,通过这些表达式的灵活应用,可以满足大多数情况下数据运算和处理的要求。

习题

一、选择题

1. 装箱是把值类型转换为( )类型。
   A. 数组   B. 引用   C. char   D. string

2. 枚举类型是一组命名的常量集合,所有整数类型都可以作为枚举类型的基本类型,如果类型省略,则定义为( )。
   A. int   B. sbyte   C. uint   D. ulong

3. 下列关于数组访问的描述中,正确的是(   )。
   A. 数组元素索引是从 0 开始的
   B. 对数组元素的所有访问都要进行边界检查
   C. 如果使用的索引小于 0 或大于数组的大小,编译器将抛出一个 IndexOutOfRange-Exception 异常
   D. 数组元素的访问是从 1 开始,到 Length 结束
4. 下列标识符命名正确的是(   )。
   A. X.25   B. 4foots   C. val(7)   D. _Years
5. 下列类型中,不属于引用类型的是(   )。
   A. String   B. int   C. Class   D. Delegate
6. 数组 pins 的定义如下:

int[] pins=new int[4]{9,2,3,1};

则 pins[1]=(   )。
   A. 1   B. 2   C. 3   D. 9

二、填空题

1. 以下程序的输出结果是_____。

```
static void Main(string[] args)
{
    int x=123;
    object obj1=x;
    x=x+100;
    Console.WriteLine (" obj1={0}" , obj1 );
}
```

2. _____运算符将左右操作数相加的结果赋值给左操作数。
3. 在 C#语言中,实现循环的主要语句有 while、do-while、、for 和_____。
4. 布尔型的变量可以赋值为关键字_____或_____。
5. 在 C#语言中,可以用来遍历数组元素的循环语句是_____。
6. 数组是一种_____类型。
7. 操作符_____被用来说明两个条件同为真的情况。
8. C#中的值类型和引用类型包括_____。
9. 编程实现装箱和拆箱操作。

实验

一、实验目的

1. 熟练掌握 C#的各种数据类型、常量、变量的表达形式。
2. 熟练掌握 C#的运算符和表达式。

3. 会使用数据类型转换。

二、实验要求

1. 用变量描述信息：姓名、学号、年龄、成绩，并选择适当的数据类型，编写输入/输出数据代码。

2. 对于声明赋值代码，输出表达式结果。

声明赋值代码：

b=4, c="hello", d="bye"

表达式：

```
c.Length+15 * 2 / 4 ^ 2
(!(b==3+1) &&(2<b)) ||(d=="N")
((b==3+1) ||(2<b)) ||(d=="N")
```

3. 统计各分数段学生的人数和百分比。已知某班 10 个学生的 C♯ 成绩分数分别为 80、95、56、67、76、79、82、90、66、79，统计优、良、中、及格和不及格的人数及所占的百分比。假设 90~100 分为优、80~89 分为良、70~79 分为中、60~69 分为及格、60 分以下为不及格。

4. 声明一个数组，将一年中的 12 个月的英文存入其中。当用户输入月份的数字时，输出月份的英文。若输入 0 则退出；若输入非 0~12 的数字，则提供输入信息不合法提示。示例如下：

```
请输入月份数,若输入 0 则退出：(输入 2,显示 February)
2
February
```

第3章 流程控制

程序有三种执行流程：顺序执行、分支执行和循环执行。顺序执行是指代码按照它们出现的顺序依次执行；分支执行是指依据一定的条件选择执行路径，而不是严格按照语句出现的顺序。循环是指对代码段的重复执行，可以减少源程序重复书写的工作量。C#中使用分支结构和循环结构来实现对程序流程的控制。

3.1 分支语句

分支语句又叫作条件语句。当程序中需要两个或两个以上的选择时，可以根据条件判断结果来选择将要执行的语句。分支结构程序设计方法的关键在于构造合适的分支条件和分析程序流程，根据不同的程序流程选择适当的分支语句。C#中的分支语句包含两类：if 语句和 switch 语句。

3.1.1 if 语句

程序执行时，当所做选择较少时，可使用 if 语句进行控制。if 语句根据布尔类型的表达式的值来选择要执行的语句。if 语句包含如下几种形式。

1. 单分支 if 语句

格式：

```
if(条件表达式)
    语句;
```

如果条件表达式为真，则执行语句。若想执行一组语句，则将这一组语句用{}括起来构成一个语句块。

例如，求 x 的绝对值，可以用如下的语句。

```
if (x<0)   x=-x;
```

2. 双分支 if-else 语句

格式：

```
if(条件表达式)
```

        语句1；
    else
        语句2；

如果条件表达式为真，则执行语句1，否则执行语句2。

【例3-1】 输入一个整数，判断其奇偶性，程序运行结果如图3.1所示。

(1) 创建一个新的 Windows 应用程序项目3-1。并将1个 Label 控件、1个 TextBox 控件和2个 Button 控件从工具箱添加到 Form1 窗体上。

(2) 在"属性"窗格中修改属性。将窗体 Form1 的 Text 属性修改为"判断奇偶性"；将标签 Label1 控件的 Text 属性修改为"请输入一个整数："；将按钮 button1 和 button2 的 Text 属性，分别修改为"清空"和"确定"，效果如图3.2所示。

图 3.1　例 3-1 运行结果

图 3.2　例 3-1 界面设计

(3) 将按钮 button1 和 button2 的 Name 属性分别修改为 btnClear 和 btnOK。

(4) 修改"清空"和"确定"按钮的 Click 事件中的代码。完成后 Form1.cs 文件的代码如下。

```
namespace _3_1
{
    public partial class Form1 : Form
    {
        public Form1()
        {
            InitializeComponent();
        }
        private void btnClear_Click(object sender, EventArgs e)
        {
            textBox1.Text="";           //清空文本框中的内容
        }
        private void btnOK_Click(object sender, EventArgs e)
        {
            int t=Convert.ToInt32(textBox1.Text);
            if(t%2==0)
                MessageBox.Show("输入的数是偶数");
            else
```

```
            MessageBox.Show("输入的数是奇数");
        }
    }
}
```

这里介绍一下 WinForm 控件的命名规则:用控件简写后跟控件功能名,如将"清空"按钮命名为 btnClear。

WinForm 常用控件命名举例,如表 3.1 所示。

表 3.1 WinForm 常用控件命名举例

控件类型	控件类型简写	命名举例	控件类型	控件类型简写	命名举例
Label	lbl	lblMessage	TreeView	tvw	tvwType
Button	btn	btnSave	ListView	lvw	lvwBrowser
TextBox	txt	txtName	Timer	tmr	tmrCount
MenuStrip	mns	mnsStart	ToolStrip	tsr	tsrBold
CheckBox	chk	chkStock	StatusStrip	ssr	ssrTime
RadioButton	rbtn	rbtnSelected	OpenFileDialog	odlg	odlgFile
PictureBox	pic	picImage	SaveFileDialog	sdlg	sdlgSave
DataGrid	dgrd	dgrdView	ColorDialog	cdlg	cdlgColor
ListBox	lst	lstProducts	FontDialog	fdlg	fdlgFont
ComboBox	cbo	cboMenu			

注意:要区分控件的 Name 和 Text 属性。

在例 3-1 的程序代码中,两次出现了同一个语句"MessageBox.Show("指定文本");",其含义是显示具有指定文本的消息对话框。MessageBox.Show()共有 21 种重载方法(有关方法的重载将在后续章节中介绍),此处是最简单的用法,只显示文本信息。还可以给消息框加上标题,如 MessageBox.Show("输入的数是偶数","标题")。

3. 多分支 if-else 语句

格式:

```
if(条件表达式 1)
   语句 1;
else if(条件表达式 2)
   语句 2;
else if(条件表达式 3)
   语句 3;
...
else
   语句 n;
```

执行时,首先判断条件表达式 1,其值若为 true,则执行语句 1,if 语句执行结束;否则判断条件表达式 2,若其值为 true,则执行语句 2……以此类推,若所有条件均不成立,则执行 else 后的语句 n。

【例3-2】 判断输入的字符串的首字符是字母、数字还是其他字符,运行结果如图3.3所示。

图 3.3 例 3-2 运行结果

Form1.cs 文件的代码如下。

```
namespace _3_2
{
    public partial class Form1 : Form
    {
        public Form1()
        {
            InitializeComponent();
        }
        private void btnClear_Click(object sender, EventArgs e)
        {
            textBox1.Text="";
        }
        private void btnOK_Click(object sender, EventArgs e)
        {
            string s=textBox1.Text;
            //将 s 中的字符复制到字符串数组中
            char[] c=s.ToCharArray();
            if(c[0] >='0' && c[0]<='9')
                MessageBox.Show("首字符为数字!");
            else
                if ((c[0] >='a' && c[0]<='z') || (c[0] >='A' & c[0]<='Z'))
                    MessageBox.Show("首字符为字母!");
                else
                    MessageBox.Show("首字符为其他字符!");
        }
    }
}
```

4. 嵌套 if 语句

在 if 语句中可以嵌套 if 语句,以实现程序中复杂的逻辑判断。

【例 3-3】 使用嵌套 if 实现如下函数 $y=\begin{cases}1 & x>0\\ 0 & x=0\\ -1 & x<0\end{cases}$,运行结果如图 3.4 所示。

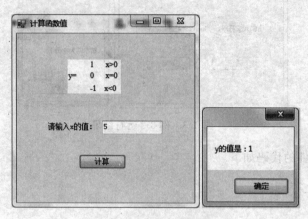

图 3.4　例 3-3 运行结果

Form1.cs 文件的代码如下。

```
namespace _3_3
{
    public partial class Form1 : Form
    {
        public Form1()
        {
            InitializeComponent();
        }
        private void btnCal_Click(object sender, EventArgs e)
        {
            int x=Convert.ToInt32(textBox1.Text);
            int y=0;
            if(x>=0)
                if(x>0)
                    y=1;
                else
                    y=0;
            else
                y=-1;
            MessageBox.Show("y的值是:"+y);
        }
    }
}
```

3.1.2 switch 语句

当有多个条件分支时,使用 if-else 就显得有些麻烦,C♯中提供了另一种分支语句 switch,可以方便地实现多分支选择,switch 语句也称为开关语句,它根据一个表达式的多个可能值来选择要执行的语句。switch 语句的格式如下。

```
switch(表达式)
{
    case  常量表达式 1:语句 1; break;
    case  常量表达式 2:语句 2; break;
    …
    case  常量表达式 n:语句 n; break;
    [default:语句 n+1; break;]
}
```

执行时,程序将表达式的值与各个常量表达式依次进行比较,如果相等则执行对应的语句,然后执行 break 语句来结束 switch 语句。如果表达式的值与所有常量表达式均不匹配,则执行 default 标签后的语句。

执行 switch 语句时需要注意以下几点。

(1) switch 后表达式的类型可以是整数类型和字符串类型,各个 case 标签后的常量表达式要与表达式的类型一致,若能隐式转换成表达式类型也视为一致。

(2) 各个 case 标签后的常量表达式的值不能相等。

(3) switch 语句中,default 是可选的,若存在 default,则只能有一个。

(4) 将与某个 case 相关联的语句序列接在另一个 case 语句之后是错误的,这称为 "不穿透"规则,所以需要跳转语句结束这个语句序列,通常选用 break 语句作为跳转,也可以用 goto 语句。

(5) 虽然不能让一个 case 的语句序列穿透到另一个 case 语句序列,但是可以有两个或多个 case 前缀指向相同的语句序列。

【例 3-4】 输入两个数和运算符,根据运算符进行相应的操作并输出结果,运行结果如图 3.5 所示。

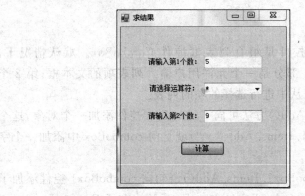

图 3.5 例 3-4 运行结果

Form1.cs 文件的代码如下。

```csharp
namespace _3_4
{
    public partial class Form1 : Form
    {
        public Form1()
        {
            InitializeComponent();
        }
        private void Form1_Load(object sender, EventArgs e)
        {
            comboBox1.Items.Add("+");
            comboBox1.Items.Add("-");
            comboBox1.Items.Add("*");
            comboBox1.Items.Add("/");
        }
        private void btnCal_Click(object sender, EventArgs e)
        {
            string op;
            double d1, d2, result=0;
            d1=Convert.ToDouble(textBox1.Text);
            op=comboBox1.Text;
            d2=Convert.ToDouble(textBox2.Text);
            switch (op)
            {
                case "+": result=d1+d2; break;
                case "-": result=d1-d2; break;
                case "*": result=d1*d2; break;
                case "/": result=d1/d2; break;
                default: MessageBox.Show("输入的不是合法的运算符"); break;
            }
            MessageBox.Show("计算结果为: "+result);
        }
    }
}
```

上面的代码中，运算符使用的控件是组合列表框控件 ComboBox。默认情况下，ComboBox 控件分两部分显示：第 1 部分是一个允许用户输入列表项的文本框；第 2 个部分是下拉列表框，它显示用户可以从中进行选择的项的列表。

利用 ComboBox 控件的 Items.Add() 方法可向 ComboBox 控件添加一个对象，这个对象可以是字符串，例如 comboBox1.Items.Add("*") 就是向 comboBox 中添加一个字符串 *。

上面的代码中使用了 4 条 comboBox1.Items.Add() 语句向 comboBox1 控件添加了 4 个字符串，这 4 条语句没有放在 btnCal_Click() 方法中，而是放在了 Form1_Load() 方法中。下面介绍有关 Windows 窗体事件的概念。

窗体自身带有很多的事件,如 Load(加载)、MouseHover(鼠标悬停)、KeyDown(按键)等。

1. 加载事件

Load 事件发生于 Form 窗体加载时,其设置步骤如下。

(1) 在例 3-4 的应用程序中,打开 Form1 窗体的属性窗格。

(2) 单击属性窗格第 3 行的第 4 个"闪电"图标,可以看到 Form1 的事件,如图 3.6 所示。

(3) 找到 Load 事件项,双击可以编辑该事件的代码。

下面的代码是窗体加载事件的处理方法。

图 3.6　Form"属性"对话框

```
private void Form1_Load(object sender, EventArgs e)
{
    comboBox1.Items.Add("+");
    comboBox1.Items.Add("-");
    comboBox1.Items.Add("*");
    comboBox1.Items.Add("/");
}
```

其中,参数 sender 表示触发事件的对象,此处代表 Form1 窗体。参数 e 代表事件包含的数据。Windows 就是利用这两个参数引导正确的处理方法。

2. 鼠标悬停事件

MouseHover 事件发生于鼠标悬停在窗体控件上一段时间之后。

同样,在图 3.6 所示的 Form 属性窗格中找到 MouseHover 事件项。双击该项,编写事件响应代码如下。

```
private void Form1_MouseHover(object sender, EventArgs e)
{
    MessageBox.Show("MouseHover!");
}
```

运行程序,等加载完窗体后,将鼠标指针停在其上面,程序将会弹出消息提示框。

3. 按键事件

KeyDown 事件发生于键盘中有键按下之后。KeyDown 事件同样可以在图 3.6 所示的 Form 属性窗格中找到。双击该项,为其编写事件响应代码如下。

```
private void Form1_KeyDown(object sender, KeyEventArgs e)
{
    MessageBox.Show(e.KeyCode.ToString());
}
```

参数 e.KeyCode.ToString()表示获取触发该事件的按键代码。运行程序,加载完窗体后,按下任意键,如 M,运行结果如图 3.7 所示。

上面介绍了 Windows 窗体的 3 种常见事件。在 Windows 应用程序中,窗体属于一种特殊的控件,其实 Windows 的所有控件除了包含属性外也包含事件,比如之前的例子中,经常使用的按钮的 Click 事件等。

ComboBox 控件还有另外一个常用属性: SelectedIndex。它返回一个整数值,该值与选定的列表项相对应。

【例 3-5】 组合框控件的用法。

(1) 创建一个新的 Windows 应用程序。

(2) 向窗体中添加 1 个 TextBox,1 个 ComboBox

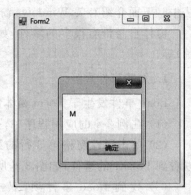

图 3.7　键盘按键响应

和 1 个 Button 控件。设置 TextBox、Button 和 ComboBox 控件的 Text 属性分别为"对齐方式演示""退出"和"选择对齐方式"。设置 Button 控件的 Name 属性为 btnExit。

(3) 为 ComboBox 控件添加项目。通过例 3-4 已经知道为 ComboBox 控件添加项目可以在代码视图下以编程的方式添加。在属性窗格中为 ComboBox 添加项目也可以达到同样的效果,即选中 ComboBox 控件的属性列表框中的 Items 属性,在打开的"字符串集合编辑器"对话框(如图 3.8 所示)中添加 3 项,即"左对齐""右对齐"和"居中对齐"。

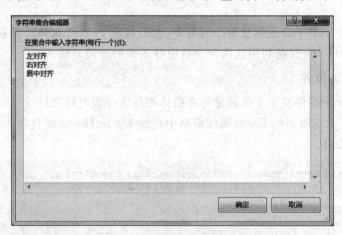

图 3.8　为 ComboBox 添加项目

(4) ComboBox 控件的 SelectedIndexChanged 事件在选中的项目发生改变之后触发。在 ComboBox 控件的 SelectedIndexChanged 事件和"退出"按钮的 Click 事件中添加代码,此时 Form1.cs 文件的代码如下。

```
namespace _3_5
{
    public partial class Form1 : Form
    {
        public Form1()
        {
```

```
        InitializeComponent();
    }
    private void btnExit_Click(object sender, EventArgs e)
    {
        Application.Exit();
    }
    private void comboBox1_SelectedIndexChanged(object sender, EventArgs e)
    {
        switch (comboBox1.SelectedIndex)
        {
            case 0:              //左对齐
                textBox1.TextAlign=HorizontalAlignment.Left;
                textBox1.Focus();
                break;
            case 1:              //右对齐
                textBox1.TextAlign=HorizontalAlignment.Right;
                textBox1.Focus();
                break;
            case 2:              //居中对齐
                textBox1.TextAlign=HorizontalAlignment.Center;
                textBox1.Focus();
                break;
            default:             //默认为左对齐
                textBox1.TextAlign=HorizontalAlignment.Left;
                textBox1.Focus();
                break;
        }
    }
}
```

（5）运行程序，在 ComboBox 中改变选择项目，TextBox 中的文本的对齐方式就会发生相应的变化，运行结果如图 3.9 所示。

图 3.9　例 3-5 运行结果

3.2 循环语句

循环语句可以实现一个程序模块的重复执行,它对于简化程序,更好地组织算法有着重要意义。C♯中提供了 4 种循环语句:while、do-while、for 和 foreach。

3.2.1 while 循环语句

语法格式:

while(条件表达式)
    循环体语句;

执行过程:如果条件表达式的值为真,则执行循环体语句,若为假,则执行循环体下面的语句。

【例 3-6】 使用 while 语句求 1~100 的奇数的和,运行结果如图 3.10 所示。

代码如下。

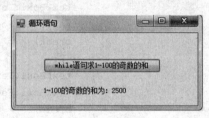

图 3.10 例 3-6 运行结果

```
private void btnwhile_Click(object sender,
EventArgs e)
{
    int i=1, sum=0;
    while (i<=100)
    {
        sum+=i;
        i+=2;
    }
    label1.Text="1~100 的奇数的和为: "+sum;
}
```

while 是当型循环,只有条件为真时才可以执行循环体。若将 i 的初值设为 101,则不执行循环体,输出 1~100 的奇数的和为 0。

3.2.2 do-while 循环语句

语法格式:

do
    循环体语句;
while(条件表达式);

执行过程:首先执行循环体语句,再判断条件表达式。若表达式的值为真,则继续执行循环体语句,否则退出循环。

【例 3-7】 使用 do-while 语句求 1~100 的偶数的和,运行结果如图 3.11 所示。

代码如下。

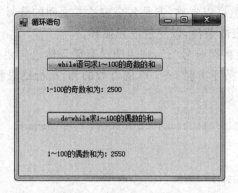

图 3.11　例 3-6 运行结果

```
private void btndowhile_Click(object sender, EventArgs e)
{
    int i=2, sum=0;
    do
    {
        sum+=i;
        i+=2;
    }while (i<=100);
    label2.Text="1~100 的偶数的和为："+sum;
}
```

do-while 循环是直到型循环，与 while 循环不同的是：循环体语句至少执行一次，而不论表达式的值是否为真。对于例 3.6，若 i 的初值为 101，则会输出 1~100 的偶数的和为 101。

3.2.3　for 循环语句

语法格式：

for(表达式 1;表达式 2;表达式 3)
　　循环体语句；

说明：在表达式 1 中为循环控制变量做初始化，循环控制变量可以有 1 个或多个（用逗号隔开）；表达式 2 为循环控制条件，是布尔型表达式；表达式 3 是设置循环控制变明量的增值，正负均可，执行过程如下。

(1) 若存在表达式 1，则执行表达式 1，为循环控制变量赋初值。

(2) 若存在表达式 2，则对它求值。

(3) 若表达式 2 的值为 true，则执行循环体语句，然后执行表达式 3，转向第(2)步。若表达式 2 的值为 false，则循环结束。

for 循环是循环语句中最为灵活的一种，从功能上兼容了 while 循环。

使用 for 循环时需要注意如下问题。

(1) for 循环的 3 个表达式可以任意省略，甚至全部省略。如果表达式 2 省略，则认为其值永远为 true。虽然可以省略,但是各个表达式之间的分号";"是不可省略的。

(2) 要有使循环结束的条件,以免造成死循环。

(3) 若 for 语句后直接跟分号";",则表明没有循环体语句要执行。

【例 3-8】 使用 for 循环实现 1～100 的奇数的和,运行结果和图 3.10 一样。

代码如下。

```
private void btnwhile_Click(object sender, EventArgs e)
{
    int i, sum=0;
    for (i=1; i<=100; i+=2)
        sum+=i;
    label1.Text="1~100 的奇数的和为: "+sum;
}
```

【例 3-9】 使用 for 循环输出九九乘法表,运行结果如图 3.12 所示。

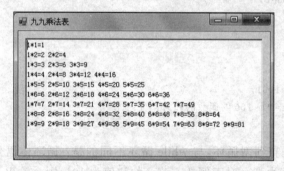

图 3.12　例 3-9 运行结果

代码如下。

```
private void Form1_Load(object sender, EventArgs e)
{
    //外重循环控制行
    for(int line=1; line<=9; line++)
    {
        //内重循环控制每行输出的信息
        for (int i=1; i<=line; i++)
        {
            richTextBox1.Text +=i.ToString()+" * "+line.ToString()+"="
                          +(i * line).ToString()+" ";
        }
        richTextBox1.Text+="\n";
    }
}
```

3.2.4　foreach 循环语句

语法格式:

```
foreach(元素类型 对象名 in 集合)
    循环体语句;
```

执行过程：对于集合中的每个元素，执行一次循环体语句。

foreach 语句主要用来遍历数组或集合中的元素。

【例 3-10】 遍历字符串数组中的每个元素并输出，运行结果如图 3.13 所示。代码如下。

```
private void Form1_Load(object sender, EventArgs e)
{
    string[] names={ "小红", "白云", "黑土", "小绿" };
    foreach (string name in names)
    {
        richTextBox1.Text+=name;
        richTextBox1.Text+="\n";
    }
}
```

【例 3-11】 使用 foreach 语句求数组中元素的最大值，运行结果如图 3.14 所示。代码如下。

```
private void button1_Click(object sender, EventArgs e)
{
    int[] a={ 12, 32, 4, 6, 98, 35, 78, 69 };
    int max=a[0];
    foreach (int x in a)
    {
        if (x >max)
            max=x;
    }
    MessageBox.Show("数组中的最大值为："+max);
}
```

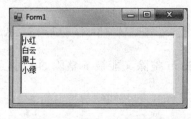

图 3.13　例 3-10 运行结果

图 3.14　例 3-11 运行结果

由上面两个例子可以看出，使用 foreach 循环数组中元素时，不需要考虑数组下标越界的问题。

3.3 跳转语句

使用循环语句时,有时需要根据某种情况直接退出循环,跳转语句能够无条件地改变程序的控制权,实现更灵活的循环控制。

3.3.1 break 语句

语法格式:

break;

break 语句只能用于循环语句或 switch 语句中。当执行 break 语句时,程序控制权将转移到循环语句或 switch 语句的结束点。用于 switch 语句时,则从 switch 语句中跳出,转到 switch 语句后的下一条语句;如果在循环语句中使用 break 语句,则跳出循环语句。需要注意一点,break 语句只能跳出 switch 语句或循环语句的当前嵌套层次。

【例 3-12】 求两个数的最大公约数,运行结果如图 3.15 所示。

代码如下。

```
private void btnCal_Click(object sender, EventArgs e)
{
    int m, n, i, j, max=0;
    m=int.Parse(textBox1.Text);
    n=int.Parse(textBox2.Text);
    if (m<n)
        i=m;
    else
        i=n;
    for (j=i; j>0; j--)
        if (m%j==0 && n%j==0)
        {
            max=j;
            break;
        }
    label3.Text+=max;
}
```

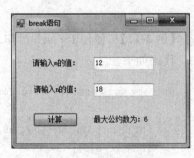

图 3.15 例 3-12 运行结果

本例中,在循环体中存在 break 语句,当存在既能被 m 整除又能被 n 整除的 j 时,就获得了最大公约数,退出循环体。

3.3.2 continue 语句

语法格式:

continue;

continue 语句只能用于循环语句中,它的作用是结束本次循环,不再执行循环体中余下的部分,继续进行下一次循环。通常它会和一个条件语句结合起来用,不会是独立的语句,也不会是循环体的最后一条语句,否则没有意义。

【例 3-13】 输出 1~100 中所有能被 3 整除的数,运行结果如图 3.16 所示。

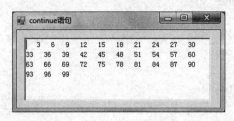

图 3.16 例 3-13 运行结果

代码如下。

```
private void Form1_Load(object sender, EventArgs e)
{
    for (int i=1; i<=100; i++)
    {
        if (i%3 !=0)
            continue;
        else
            richTextBox1.Text+=" "+i;
    }
}
```

本例中,当遇到不能被 3 整除的数时,就结束该次循环,继续下一次循环。

3.3.3 return 语句

语法格式:

return;

或

return 表达式;

return 语句用于方法的返回,将控制权转移给方法的调用程序,若方法的返回值类型为 void,则不可以使用 return 语句。

【例 3-14】 判断奇偶,运行结果如图 3.17 所示。
代码如下。

```
private void btnCal _ Click (object sender,
EventArgs e)
{
    int n=Convert.ToInt32(textBox1.Text);
    if (IsOdd(n))
```

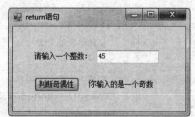

图 3.17 例 3-14 运行结果

```
            label2.Text="你输入的是一个奇数";
        else
            label2.Text="你输入的是一个偶数";
    }
    static bool IsOdd(int i)
    {
        if (i%2 !=0)
            return true;
        else
            return false;
    }
}
```

3.3.4 goto 语句

语法格式：

goto 标号；

标号是定位在某个语句之前的一个标识符，它的使用格式如下。

标号：语句   //指明 goto 语句转向的目标

注意：goto 语句不能使控制转移到另一个语句块内部，更不能转到另一个函数内部。goto 语句非常灵活，但是容易造成程序结构混乱，应有节制地使用。

【例 3-15】 goto 语句示例，运行结果如图 3.18 所示。

图 3.18 例 3-15 运行结果

代码如下。

```
private void btnCal_Click(object sender, EventArgs e)
{
    int i=11;
    if (i%2==0)
        goto Found;
    else
        goto NotFound;
    NotFound:MessageBox.Show(i+"不是偶数");
    goto Finish;
    Found:MessageBox.Show(i+"是偶数");
```

```
        goto Finish;
        Finish:return;
}
```

本章小结

本章主要介绍了 C♯ 中的流程控制语句：分支语句、循环语句及跳转语句。这些内容是 C♯ 语言的编程基础，需要好好掌握。

习题

一、选择题

1. 关于如下程序结构的描述中，正确的是(　　)。

   for (; ;) { 循环体; }

   A. 不执行循环体　　　　　　　　B. 一直执行循环体，即死循环
   C. 执行循环体一次　　　　　　　D. 程序不符合语法要求

2. 图 3.19 所示结构图对应于(　　)结构(A、B 是程序段，P 是条件)。

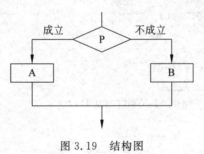

图 3.19　结构图

   A. while 循环结构　　　　　　　B. do-while 循环结构
   C. if-else 选择结构　　　　　　 D. switch-case 选择结构

3. 在数组中对于 for 和 foreach 语句，下列选项中的说法错误的是(　　)。

   A. foreach 语句能实现不用索引就可以遍历整个数组
   B. foreach 语句总是从索引 1 遍历到索引 Length
   C. foreach 总是遍历整个数组
   D. 如果需要修改数组元素就必须使用 for 语句

4. 下面的程序运行后，显示的结果是(　　)。

```
int a;
if(a)   MessageBox.Show(a);;
else    MessageBox.Show(a+1);
```

   A. 1　　　　　　B. 0　　　　　　C. −1　　　　　　D. 编译错误

5. 按照结构化程序运行的要求,(　　)语句是非结构化程序设计语句。
   A. if　　　　B. for　　　　C. goto　　　　D. switch

二、填写程序运行结果

1. 读程序写结果。

```csharp
private void btnCal_Click(object sender, EventArgs e)
{
    int i=0, sum=0;
    do
    { sum++;}
    while (i >0);
    MessageBox.Show("sum="+sum.ToString ());
}
```

程序的运行结果是_____。

2. 下面程序的功能是输出100以内能被3整除且个位数为6的所有整数,请填空。

```csharp
private void btnCal_Click(object sender, EventArgs e)
{
    int j;
    for (int i=0; i<=9; i++)
    {
        j=i * 10+6;
        if (i%10 !=6&&j%3!=0)
            _____
            richTextBox1.Text+=j.ToString ());
    }
}
```

3. 读程序写结果。

```csharp
private void btnCal_Click(object sender, EventArgs e)
{
    int Sum=0;
    for (int i=1; i<=10; i++)
    {
        if (i%2==0)
            Sum+=i;
    }
    MessageBox.Show(Sum.ToString ());
}
```

程序的输出结果是_____。

4. 读程序写结果。

```csharp
private void btnCal_Click(object sender, EventArgs e)
```

```
{
    int m, n, i;
    int[] a=new int[6]{1,2,5,3,9,7};
    m=n=a[0];
    for (i=1; i<6; i++)
    {
        if (a[i] >m) m=a[i];
        if (a[i]<m) n=a[i];
    }
    MessageBox.Show("m 的值为："+m.ToSting()+" n 的值为："+n.ToSting());
}
```

程序最终的输出结果是_____。

三、编程题

1. 编程实现对 3 个数进行降序排列。
2. 编程实现判断某一年是否是闰年。
3. 编程实现显示 100～200 不能被 3 整除的数。

实验

一、实验目的

1. 掌握选择语句 if-else、switch 的使用。
2. 掌握循环语句 while、do-while 和 for 的使用。
3. 能够综合运用顺序结构、选择结构和循环结构编写复杂程序。

二、实验要求

运用"Random ra＝new Random()；int rndInt＝ra.Next(1，100)；"方法产生一个 1～100 的随机数，并由玩家进行猜测。提示玩家是猜大了还是猜小了或是猜对了。运行结果如图 3.20 所示。

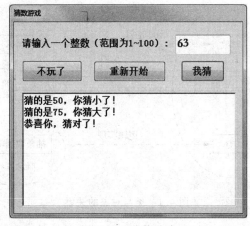

图 3.20 猜数游戏

第4章 面向对象基础

4.1 面向对象的概念

随着计算机硬件技术的飞速发展,计算机的容量、运算速度迅速提高,计算机得到了越来越广泛的应用,这就对软件开发提出了更高的要求。传统的面向过程的程序设计方法主要用来解决面向过程的语言系统的设计问题,面对变动的现实世界,面向过程的设计方法暴露出了越来越多的不足,如功能与数据分离、基于模块的设计方式导致软件修改困难、软件的复用性受到限制和开发效率降低等。为了解决面向过程程序设计的这些问题,面向对象的技术应运而生。

面向对象程序设计是一种强有力的软件开发方法,它将数据和对数据的操作视为一个相互依赖、不可分割的整体,采用数据抽象和信息隐藏技术,以此来简化现实世界中大多数问题的求解过程。同时,面向对象的方法符合人们的思维习惯,同时有助于控制软件的复杂性,提高软件的生产效率,已经成为目前最为流行的一种软件开发方法。

在面向对象程序设计技术中,对象是具有属性和操作的实体。对象的属性表明了它所处的状态,对象的操作则用来改变对象的状态达到特定的功能。

类是对象的抽象,它为属于该类的全部对象提供了统一的抽象描述。类是对象的模板,对象是类的实例,图 4.1 所示为类与对象的关系。

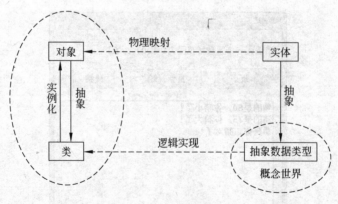

图 4.1 类与对象的关系

面向对象程序语言在处理对象时，必须遵循三个基本原则：封装、继承和多态。

（1）封装：是指用一个框架将数据和代码组合在一起，形成一个对象。一般情况下，数据都是被封装起来的，不能直接被外部访问。C♯中，类是支持对象封装的工具，对象则是封装的基本单元。

（2）继承：是面向对象编程技术中重要的特性之一，可以提高软件模块的复用性和可扩充性，也可以提高软件的开发效率。继承是一种机制，使新定义的派生类可以继承基类的特征和能力，而且可以对基类进行扩展和专用化。大千世界中，具有这种继承关系的例子很多。比如，孩子和父母有很多相似之处，因为孩子从父母遗传了很多特性；汽车、卡车、轿车之间都存在着一定的关系，也可以使用继承来实现。

（3）多态：是指同一个消息或操作作用于不同的对象，可以产生不同的结果。多态包括静态多态和动态多态。

4.2 类和对象

类是一组具有相同数据结构和相同操作的对象的集合，它定义数据和操作这些数据的代码。类是对一系列具有相同性质的对象的抽象，是对对象共同特征的描述。对象是具体的类，类和对象是面向对象编程的基础。

类的声明格式如下。

[访问修饰符] class 类名[:基类]{类成员}

表4.1列出了类的访问修饰符，类的访问修饰符只能是其中的一种或几种的组合，但需要注意的是，在类的声明中，同一个访问修饰符不允许出现多次。

表4.1 类的访问修饰符

访问修饰符	含 义
new	仅允许在嵌套类声明时使用，表明类中隐藏了由其基类中继承而来的、与基类同名的成员
public	表明不限制对类的访问
protected	表明这个类只能被这个类的成员或派生类成员访问
internal	同一程序集中的任何代码都可以访问该类，但其他程序集不可访问
private	表明这个类只能被本身的成员所访问
abstract	抽象类，该类含有抽象成员，不能被实例化，只能用作基类
sealed	密封类，不能从这个类再派生出其他的类，不允许被继承，密封类不能同时为抽象类

最简单的声明类的语法格式如下。

class 类名 {类成员}

例如：

class Point { int x, y;}

对象是类的实例，在用到类中的成员时，需要首先将类实例化成一个对象，对象的实例化可以通过 new 关键字来实现。比如对于 Point 类要进行实例化,可使用如下的语句。

```
Point p=new Point();
```

4.3 类的成员

在声明类时,{}中包括的是类的成员。类成员包括两部分,一部分是在类体中以类成员声明形式引入的成员;另一部分是从它的基类中继承而来的成员。

类的成员包括字段、方法、构造方法和析构方法、属性、事件、索引器等。

4.3.1 字段

字段包括变量与常量,可以是值类型,也可以是引用类型。

字段的声明格式如下。

[字段修饰符] 类型 变量声明列表;

(1) 字段修饰符:可以是 public、protected、internal、private、static、readonly 和 volatile。public、protected、internal 和 private 修饰符与 2.3 节所介绍的含义相同。

加 static 时,则该字段为静态字段,静态字段不属于某个实例对象,只与类相关联,因此,对静态字段的访问只与类关联,访问时使用"类名.字段"的格式。实例字段的访问与实例对象关联,访问时使用"对象名.字段"的格式。

加 readonly 时,则该字段为只读字段,只能读不能写。对只读字段的赋值只能在声明的同时进行,或者在类的构造函数中赋值。

加 volatile 时,用于定义不调用 lock 语句跨多线程修改的字段。

(2) 变量声明列表:包含一个标识符或者用","分隔的多个标识符,并且还可以为其设定初始值。

【例 4-1】 控制台应用程序中字段的使用示例,程序运行界面如图 4.2 所示。

程序代码如下。

```
namespace _4_1
{
    class Test
    {
        //公有的实例字段
        public int a=5;
        //私有的实例字段
        private int b=10;
        //公有的静态字段
        public static int c=110;
        //公有的只读字段
        public readonly int d=120;
    }
    class Program
```

图 4.2 例 4-1 运行结果

```
    {
        static void Main(string[] args)
        {
            //创建类的实例
            Test t=new Test();
            ////出错,只读变量不能写
            //t.d=0;
            Console.WriteLine("a={0}", t.a);
            ////出错,私有变量在类外不可见
            //Console.WriteLine("b={0}", t.b);
            //c为静态字段,访问时类名.字段名
            Console.WriteLine("c={0}", Test.c);
            Console.WriteLine("d={0}", t.d);
        }
    }
}
```

【例 4-2】 Windows 应用程序中字段的使用示例。

在 Windows 应用程序中,每一个 Form 窗体相当于一个类,当然也可以创建不是窗体的类。在本例中,包含两个窗体 Form1 和 Form2。创建完应用程序后,系统会自动创建一个窗体 Form1。右击项目名 4-2,在弹出的快捷菜单中选择"添加"→"新建项"命令,会打开如图 4.3 所示的"添加新项-4-2"对话框,选中"Windows 窗体"选项,单击"添加"按钮,窗体 Form2 创建成功。

图 4.3 "添加新项-4-2"对话框

修改窗体 Form1 和 Form2 的 Text 属性分别为"登录窗口"和"欢迎窗口",窗体界面设计如图 4.4 所示。

运行程序时,首先出现登录窗口,输入学号和姓名,单击"登录"按钮,出现欢迎窗口,并在欢迎窗口上显示之前输入的学号和姓名;单击"返回登录"按钮,可以返回登录窗口。

图 4.4 窗体界面设计

程序运行界面如图 4.5 所示。

图 4.5 例 4-2 运行结果

程序代码如下。

```
public partial class Form1 : Form          //登录窗口
{
    public static string no="";            //公共的静态变量 no。去掉 public 可以吗?
    public static string name="";          //公共的静态变量 name。去掉 static 可
                                           //以吗?
    public Form1()
    {
        InitializeComponent();
    }
    private void btnLogin_Click(object sender, EventArgs e)
    {
        no=textBox1.Text;                  //获取输入的学号,保存到 no 中
        name=textBox2.Text;                //获取输入的姓名,保存到 name 中
        Form2 f=new Form2();               //实例化 Form2 窗体类
        f.Show();                          //显示窗体对象 f
    }
}
public partial class Form2 : Form          //欢迎窗口
{
    public Form2()
    {
        InitializeComponent();
```

```
    }
    private void Form2_Load(object sender, EventArgs e)
    {
        label1.Text=Form1.no+Form1.name+" 欢迎你!";
    }
    private void btnBack_Click(object sender, EventArgs e)
    {
        this.Close();              //关闭窗体,this 代表当前对象,此时代表欢迎窗口
    }
}
```

4.3.2 方法

方法用来实现由对象或类执行的计算或操作。方法只能在类或结构中声明。

1. 方法的声明

方法的声明格式如下。

[方法的修饰符] 返回类型 方法名([形参列表])
{方法体}

(1) 方法的修饰符如表 4.2 所示。

表 4.2 方法的修饰符

修饰符	含 义
new	在一个继承结构中,用于隐藏基类同名的方法
public	表明不限制对方法的访问
protected	表明该方法只能在类体或派生类类体中被访问,但不能在类体外访问
internal	表明该方法只能被处于同一程序集中的代码访问
private	私有方法,表明这个方法只能在这个类体中访问
static	静态方法,说明该方法属于类本身,而不属于特定对象
virtual	表示该方法是虚方法,可在派生类中重写
abstract	抽象方法,该方法仅定义了方法的名称,没有具体的实现,包含这样的方法的类是抽象类,有待于派生类的实现
override	表示该方法是从基类继承的 virtual 方法的新实现
sealed	表示这是一个密封方法,它必须同时包含 override 修饰符,以防止它的派生类进一步重写该方法
extern	表示该方法从外部实现

(2) 返回类型:方法可以有返回值,也可以没有返回值。若方法有返回值,则返回值类型可以是 C# 的任何一种数据类型,方法体内可以通过 return 语句将数据返回;若方法不返回值,则它的返回类型为 void,默认情况下,方法的返回值为 void。

(3) 方法名:可以按照标识符的命名规则随意指定方法名称,但不能使用 C# 的关键字作为方法名称。建议方法的命名尽可能地同所要进行的操作联系起来,在命名时通常

使用动词或动词短语,方法名的每个单词的首字母都要大写。

（4）形参列表：由零个或多个参数组成,多个参数之间用","隔开。当有零个参数时,外面的括号不能省略。

（5）方法体是用{}括起来的语句块。

【例 4-3】 方法的使用示例。

在例 4-2 的登录窗口代码页中,添加一个方法 IsUser,用来判断输入的学号和姓名是否正确,如果正确,则正常运行；如果错误,则提示错误,运行界面(输入有误时)如图 4.6 所示。

图 4.6　例 4-3 运行结果

修改后的 Form1 窗体代码如下。

```
private void btnLogin_Click(object sender, EventArgs e)
{
    no=textBox1.Text;
    name=textBox2.Text;
    if (IsUser())                      //方法 IsUser 返回值为 true
    {
        Form2 f=new Form2();
        f.Show();
    }
    else                               //方法 IsUser 返回值为 false
        MessageBox.Show("学号或姓名有误!");
}
bool IsUser()                          //自定义方法 IsUser,判断输入信息是否有效
{
    if (no.Equals("1430060101") && name.Equals("李四"))
        return true;
    else
        return false;
}
```

2. 方法的参数

方法的参数的功能是使信息在方法中传入或传出。在声明方法时所写的参数为形式

参数(形参),在调用方法时所写参数为实参,C♯中的参数可归纳为如下4种。

1) 普通参数

普通参数是指在声明方法时,形参前不加任何修饰符的参数;若传递的是值类型的参数,则进行值传递;若是引用类型,则进行引用传递。

【例4-4】 在方法中使用值类型参数示例,程序运行界面如图4.7所示。

程序代码如下。

```
private void btnCal_Click(object sender, EventArgs e)
{
    int n=Convert.ToInt32(textBox1.Text);
    Add(n);
    label2.Text=n.ToString();
}
///<summary>
///将参数的值加10
///</summary>
///<param name="num"></param>
void Add(int num)
{
    num+=10;
}
```

从例4-4中可以看出,对于值类型的参数,在方法体中对形参num的修改并不影响方法外实参n的值。

这里需要注意,若需要对方法进行注释,则在方法的签名前,输入"///",则会自动出现对方法的注释。例如例4-4中的以下代码:

```
///<summary>
///将参数的值加10
///</summary>
///<param name="num"></param>
```

【例4-5】 在方法中使用引用类型参数示例,程序运行界面如图4.8所示。

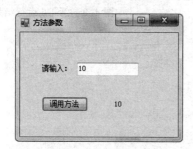
图4.7 例4-4运行结果

图4.8 例4-5运行结果

程序代码如下。

```
private void btnCal_Click(object sender, EventArgs e)
{
    StringBuilder n=new StringBuilder(textBox1.Text);
    Adds(n);
    label2.Text=n.ToString();
}
///<summary>
///在字符串后追加字符串,StringBuilder是引用类型
///</summary>
///<param name="s">可变字符串</param>
public void Adds(StringBuilder s)
{
    //在 s 的末尾追加字符串" World"
    s.Append(" World");
}
```

从例4-5中可以看出,对于引用类型的参数,在方法体中对形参进行修改,则在方法体外的实参的值也发生改变。

2) 引用类型参数(ref)

在例4-4中,如果希望在调用方法时对形参值的改变能够影响实参的结果,通过C#中默认的方式是无法实现的,C#中使用 ref 来解决这个问题。在值类型参数前加上关键字 ref,表明实参与形参的传递方式是引用的,对形参的修改会影响实参的值。

【例4-6】 对例4-4中的方法进行修改,在方法中值类型参数前加 ref 关键字,程序运行界面如图4.9所示。

程序代码如下。

```
private void btnCal _ Click ( object sender,
EventArgs e)
{
    int n=Convert.ToInt32(textBox1.Text);
    Add(ref n);
    label2.Text=n.ToString();
}
///<summary>
///将参数的值加 10
///</summary>
///<param name="num"></param>
void Add(ref int num)
{
    num+=10;
}
```

图 4.9 例 4-6 运行结果

3) 输出型参数(out)

在参数前加 out 关键字,表明为输出型参数。与 ref 相似,该参数为引用类型参数。不同之处在于 ref 要求变量在作为参数传递之前必须要进行初始化,而 out 无须进行初始化。当希望方法返回多个值时,声明 out 方法很有用。

【例 4-7】 在方法中使用 out 参数示例,程序运行界面如图 4.10 所示。本例中,使用方法求一组随机数中的最大值和最小值,需要得到两个返回值,此时用方法的返回值就无法实现了,可通过 out 参数来实现。

程序代码如下。

图 4.10 例 4-7 运行结果

```
public partial class Form1 : Form
{
    int[] s=new int[8];
    void SetRandom()
    {
        Random r=new Random();
        for (int i=0; i<8; i++)
            s[i]=r.Next(1, 100);
        textBox1.Text=s[0].ToString();
        textBox2.Text=s[1].ToString();
        textBox3.Text=s[2].ToString();
        textBox4.Text=s[3].ToString();
        textBox5.Text=s[4].ToString();
        textBox6.Text=s[5].ToString();
        textBox7.Text=s[6].ToString();
        textBox8.Text=s[7].ToString();
    }
    private void Form1_Load(object sender, EventArgs e)
    {   SetRandom();      }
    private void btnSet_Click(object sender, EventArgs e)
    {   SetRandom();      }
    public void MaxMinScore(int[] s, out int max, out int min)
    {
        max=s[0];   min=s[0];
        for (int i=1; i<s.Length; i++)
        {
            if (max<s[i])    max=s[i];
            if (min >s[i])   min=s[i];
        }
    }
    private void btnCal_Click(object sender, EventArgs e)
    {
        int m, n;
```

```
            MaxMinScore(s,out   m, out n);
            label2.Text="最大值为: "+m;
            label3.Text="最小值为: "+n;
        }
    }
```

注意：在使用 ref 和 out 时，无论是在定义形参还是在调用方法时，都需要在参数前添加相应的 ref 或 out。

4) 数组型参数(params)

前面介绍的例子中，实参和形参在类型和数量上都匹配，有时希望能够传递任意个数的参数，使程序更加灵活，比如求 2 个数的和、3 个数的和以及求一个数组各个元素的和，计算方法类似，可以通过一个方法实现，在方法中传递不同个数的参数即可。C#提供了 params 参数来实现这个功能。params 可以使用个数不定的参数调用方法。

【例 4-8】 方法中 params 参数示例，程序运行界面如图 4.11 所示。

图 4.11　例 4-8 运行结果

程序代码如下。

```
namespace _4_8
{
    class Program
    {
        public int Params(params int[] p)
        {
            int sum=0;
            foreach (int s in p)
            {
                sum+=s;
            }
            return sum;
        }
        static void Main(string[] args)
        {
            //创建类的对象
            Program d=new Program();
            int[] a={ 1, 3, 4, 5, 6, 7 };
            //调用方法,传递一个一维数组
            int sum=d.Params(a);
```

```
            Console.WriteLine("sum={0}", sum);
            //调用方法,传递 3 个整型数
            sum=d.Params(1, 3, 5);
            Console.WriteLine("sum={0}", sum);
            //调用方法,不传递任何参数
            sum=d.Params();
            Console.WriteLine("sum={0}", sum);
        }
    }
```

使用 params 时的注意事项如下。

(1) 一个方法中只能声明一个 params 参数。

(2) params 参数之后不允许有任何其他参数,即 params 参数需要放在所有参数的后面。

(3) params 参数所定义的数组必须是一维数组。

(4) params 参数不能同时与 ref 或 out 使用。

3. 方法重载

方法签名是由方法名称和一个参数列表(方法的参数顺序和类型)组成的。在 C♯中,同一个类中的两个或两个以上的方法可以有同一个名字,只要它们的参数声明不同即方法的签名不同即可,这种情况称为方法重载。参数不同指参数的个数不同或参数的类型不同。

【例 4-9】 方法重载示例,程序运行界面如图 4.12 所示。

程序代码如下。

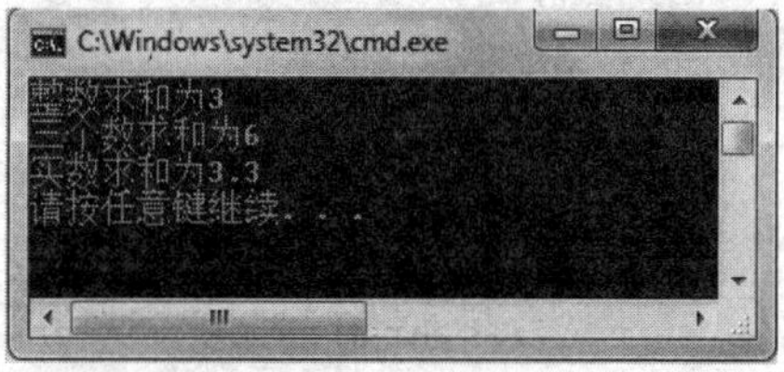

```
namespace _4_9
{
    class Program
    {
        static void Main(string[] args)
        {
            int x=1, y=2, z=3;
            double a=1.1, b=2.2;
            //创建类的对象
            Demo d=new Demo();
            //调用方法
            int s=d.Add(x, y);
            Console.WriteLine("整数求和为{0}", s);
            //调用方法
            s=d.Add(x, y, z);
            Console.WriteLine("三个数求和为{0}", s);
            //调用方法
            double ss=d.Add(a, b);
            Console.WriteLine("实数求和为{0}", ss);
```

图 4.12 例 4-9 运行结果

```csharp
        }
    }
    class Demo
    {
        ///<summary>
        ///Add 方法
        ///</summary>
        ///<param name="x">int</param>
        ///<param name="y">int</param>
        ///<returns>int</returns>
        public int Add(int x, int y)
        {
            return x+y;
        }
        ///<summary>
        ///Add 方法
        ///</summary>
        ///<param name="x">double</param>
        ///<param name="y">double</param>
        ///<returns>double</returns>
        public double Add(double x, double y)
        {
            return x+y;
        }
        ///<summary>
        ///Add 方法
        ///</summary>
        ///<param name="x">int</param>
        ///<param name="y">int</param>
        ///<param name="z">int</param>
        ///<returns>int</returns>
        public int Add(int x, int y, int z)
        {
            return Add(x, y)+z;
        }
    }
}
```

在例4-9中，包含3个重载方法，方法名称相同，参数的个数和类型不同，在调用方法时，程序会根据所传实参的个数和类型来选择相应的方法执行。

使用方法重载是为了实现类中那些具有相似功能的方法，当需要设计一些功能相似的方法，而这些方法需要不同的参数时，应使用方法重载；方法重载是在现有代码中添加新功能的一种好方式。

4. Main()方法

C#中的 Main()方法是应用程序的入口,应用程序启动时,首先从 Main()方法开始执行。C#程序只能有一个入口,若有多个 Main()方法,编译器就会返回一个错误。Main()方法必须是静态方法,且其返回值类型必须是 int 或 void。

(1) 控制台应用程序中的 Main()方法参数。C#中有一个代表命令行参数的可选字符串数组参数,一般用 string[] args 表示,该参数是从应用程序外部接受信息的方法,这些信息在运行期间指定,其形式是命令行参数。

(2) Windows 应用程序中的 Main()方法。每当新建一个 Windows 应用程序,系统就会自动生成两个 C#文件:Form1.cs 和 Program.cs。打开 Program.cs 文件,可以看到 Main()方法如下。

```
static void Main()
{
    Application.EnableVisualStyles();
    Application.SetCompatibleTextRenderingDefault(false);
    Application.Run(new Form1());
}
```

① 方法 Application.EnableVisualStyles()的作用是让控件(包括窗体)显示出来。

② 方法 Application.SetCompatibleTextRenderingDefault(false)的作用是在应用程序范围内设置控件显示文本的默认方式:true——使用 GDI+方式显示文本;false——使用 GDI 方式显示文本。

③ 方法 Application.Run(new Form1())的作用是运行 Form1 类的新实例,即显示 Form1 窗体。当 Windows 应用程序包含多个窗体时,可以把希望第一个出现的窗体实例化,用此语句实现。

4.3.3 构造方法和析构方法

当定义了一个类之后,就可以使用 new 关键字将其实例化,创建一个对象。构造方法用于执行类的实例的初始化。

构造方法是一个特殊的方法。每个类都有构造方法,即使没有声明,编译器也会自动提供一个默认的构造方法,程序在执行时,系统将最先执行构造方法中的语句。构造方法的名称与类名一致。

字段可分为静态字段和实例字段,同样,构造方法包括静态构造方法和实例构造方法。

1. 实例构造方法

实例构造方法的声明语法如下。

[构造方法修饰符] 标识符([参数列表])[:base([参数列表])][:this([参数列表])]
{函数体}

(1) 构造方法的修饰符包括 public、protected、internal、private 和 extern。前 4 个与

前面介绍的含义一致,若构造方法中包含 extern 修饰符,则该构造方法为外部构造方法。外部构造方法不提供任何实际的实现,函数体中仅有一个分号。

一般情况下,构造方法总是 public 类型,若为 private 类型,表明类不能被实例化。

(2) 标识符是构造方法名,与类名一致。

(3) 构造方法中可以没有参数,也可以有一个或多个参数,多个参数之间用","隔开。一个类中可以有一个或多个构造方法,这表明在类中可以有多个方法名相同、但参数类型不同或者参数个数不同的构造方法,这叫构造方法重载。

(4):base([参数列表])表示调用基类中相应的构造方法。

(5):this([参数列表])表示调用该类本身所声明的其他构造方法。

(6) 构造方法中既可以对静态字段初始化也可以对非静态字段进行初始化。

(7) 实例构造方法不能被继承。若一个类中没有声明任何实例构造方法,系统会自动提供一个不带参数的默认构造方法。

【例 4-10】 实例构造方法使用示例。

本例与例 4-2 完成的效果类似,界面设计相同,如图 4.13 所示。

图 4.13　例 4-10 界面设计

在"欢迎窗口"的 Form2.cs 文件中,添加如下代码。

```
public partial class Form2 : Form
{
    public Form2()                          //默认的构造方法
    {
        InitializeComponent();              //.NET 平台自动执行,进行初始化等
        label1.Text="游客欢迎你!";
    }
    public Form2(string no,string name)    //带 2 个参数的构造方法
    {
        InitializeComponent();
        label1.Text=no+name+"欢迎你!";
    }
    private void btnBack_Click(object sender, EventArgs e)
    {
        this.Close();                       //关闭此窗体
    }
}
```

在"登录窗口"的 Form1.cs 文件中,添加如下代码。

```
public partial class Form1 : Form
{
    public Form1()
    {
        InitializeComponent();
    }
    private void btnLogin_Click(object sender, EventArgs e)
    {
        //输入为空时,调用 Form2 的默认构造方法
        if(textBox1.Text=="" && textBox2.Text=="")
        {
            Form2 f1=new Form2();
            f1.Show();
        }
        else            //学号或姓名有一个不为空时,调用 Form2 带 2 个参数的构造方法
        {
            Form2 f2=new Form2(textBox1.Text, textBox2.Text);
            f2.Show();
        }
    }
}
```

程序运行界面如图 4.14~图 4.17 所示。

图 4.14　例 4-10 运行结果(1)

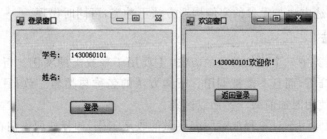

图 4.15　例 4-10 运行结果(2)

图 4.16　例 4-10 运行结果(3)

图 4.17　例 4-10 运行结果(4)

2. 静态构造方法

静态构造方法主要用于初始化一些静态的变量。静态构造方法只会执行一次，而且是在创建此类的第一个实例或引用任何静态成员之前由.NET 自动调用。

需要注意以下几点。

（1）在创建第一个类实例或任何静态成员被引用时，.NET 将自动调用静态构造方法来初始化类，且静态构造方法没有访问修饰符。

（2）静态构造方法没有参数。

（3）一个类中只能有一个静态构造方法。

（4）静态构造方法只能运行一次。

（5）静态构造方法不能被继承。

（6）若没有编写静态构造方法，而类中包含带有初始值设定的静态成员，则编译器会自动生成默认的静态构造方法。

（7）静态构造方法与无参的实例构造方法不冲突，可同时出现。

3. 析构方法

析构方法是类中一个比较特殊的方法，主要用于释放类的实例。析构方法不能有参数，没有任何修饰符，而且不能被调用。析构方法的名称与类名一致，目的与构造方法正好相反，因此在使用时加前缀"～"加以区别。

析构方法通常用于对象释放时所需要做的收尾工作，如释放所占内存，但是 C# 中提供了一种自动内存管理机制，资源的释放由"垃圾回收器"自动完成，一般不需要用户干预。实际上，析构方法是在垃圾回收器回收对象的存储空间之前就调用的，如果析构方法只是为了释放对象由系统管理的资源，就没有必要使用了，而在释放非系统管理的资源时就需要通过析构方法来管理。

4.3.4 属性

若希望其他类访问成员变量的值,就必须将成员变量定义为public。而将变量定义为public,这个变量就可以被其他类任意读取和修改,这样不利于保护数据的安全,C#中提供了属性来实现安全性。

C#通过属性特性读取和写入字段,而不直接进行字段的读取和写入,以此来保护类中的字段。属性是类内部封装性的体现。

下面通过两个示例来看一下属性的作用及其如何使用。

【例 4-11】 读写私有字段,不使用属性,程序界面设计如图 4.18 所示。

图 4.18 中,控件"请选择性别"用的是 GroupBox 控件,它是一个容器类控件。在 Windows 程序中,除了 GroupBox 外,还有一个常用的容器类控件 Panel,它不像 GroupBox 控件那样可以在上方编辑文本,但是它可以在选择时出现水平和垂直滚动条。

图 4.18 中,控件"男"和"女",用的是 RadioButton (单选按钮)控件,显示一个可打开或关闭的按钮。它支持选择和不选择两种状态,在文字前用一个可以选中的圆圈来表示。RadioButton 控件的 Checked 属性可以获取和设置 RadioButton 控件的选中状态。通过

图 4.18 例 4-11 界面设计

访问每个 RadioButton 控件的状态就可以得到要显示的字符串。RadioButton 控件属于选项类控件,还有一个类似的选项类控件 CheckBox(复选框控件),常用来设置选项。它也支持选择和不选择两种状态,在文字前用一个可以勾选的框来表示。CheckBox 控件的 Checked 属性可以获取和设置 CheckBox 控件的选中状态。

在此项目中,首先添加一个新类 User。类 User 中包含 2 个私有变量 name 和 sex,包含 4 个方法,分别进行 name 和 sex 的读取与写入操作。User 类中的代码如下:

```
namespace _4_11
{
    class User
    {
        private string name;
        private string sex;
        public void SetName(string n)
        {
            name=n;
        }
        public string GetName()
        {
```

```
        return name;
    }
    public void SetSex(string s)
    {
        sex=s;
    }
    public string GetSex()
    {
        return sex;
    }
}
```

在 Form1.cs 中,添加如下代码。

```
private void btnOK_Click(object sender, EventArgs e)
{
    User u=new User();
    u.SetName(textBox1.Text);
    if (rbtn男.Checked)
        u.SetSex("男");
    else
        u.SetSex("女");
    richTextBox1.Text="输入的姓名为："+u.GetName()
        +"\n性别为："+u.GetSex();
}
```

程序运行界面如图 4.19 所示。

从例 4-11 中可以看出,使用这种方式也可以实现私有字段的访问,但是存在一个问题,就是每次访问 1 个字段,需要调用 2 个方法,使用属性后就不用这么麻烦了。

属性的声明格式如下。

```
[访问修饰符] (static) 数据类型 属性名
{
    set{}
    get{}
}
```

图 4.19　例 4-11 运行结果

每当对变量进行赋值运算的时候自动调用 set 访问器,其他时候则调用 get 访问器以读取数据。对于属性,如果只设置 get 访问器,则为只读属性;若只设置 set 访问器,则为可写属性;两个访问器均存在时,为既可读又可写属性。

【例 4-12】　属性应用示例,程序运行界面与例 4-11 相同,如图 4.19 所示。

User 类中的代码如下。

```
class User
{
    private string name;
    public string Name
    {
        get { return name; }           //get 用来返回私有字段的值
        set { name=value; }            //set 为私有字段赋值
    }
    private string sex;
    public string Sex
    {
        get{ return sex; }
        set{ sex=value; }
    }
}
```

在 Form1.cs 中，添加如下代码。

```
private void btnOK_Click(object sender, EventArgs e)
{
    User u=new User();
    u.Name=textBox1.Text;              //为 Name 属性赋值
    if (rbtn男.Checked)
        u.Sex="男";                    //为 Sex 属性赋值
    else
        u.Sex="女";
    richTextBox1.Text="输入的姓名为："+u.Name
        +"\n 性别为："+u.Sex;          //访问属性 Name 和 Sex
}
```

4.3.5　索引器

使用索引器可以像访问数组一样访问类中的数组对象，通过对对象元素的下标进行索引，就可以访问指定的对象。

索引器的声明格式如下。

```
public 数据类型 this[参数类型 参数名,...]
{
    set{}
    get{}
}
```

索引器与属性类似，可以使用 get 和 set 块定义索引元素的读写权限，与属性不同的是，索引器有索引参数。

4.4 继承

现实世界中,许多事物之间不是相互独立的,它们通常具有共同的特征,也存在一些内在的差别,人们通常采用层次结构来描述这些事物之间的相似之处和不同之处。

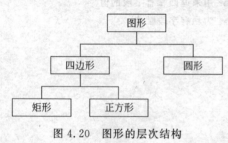

图 4.20 图形的层次结构

图 4.20 所示的图形的层次结构即反映了图类的派生关系。最高层的实体往往具有最一般、最普通的特征,越低层的越具体,并且包含上一层的特征,它们之间的关系就可以表现为面向对象中的继承关系。在现实世界中,继承的例子很多,比如交通工具包括陆上交通工具、海上交通工具、空中交通工具。陆上交通工具有自行车、汽车等,海上交通工具有轮船等,空中交通工具有飞机等。这时候就可以用继承来简化程序。再比如动物包括羚羊、狮子和大象等,每种动物都有睡觉、吃东西等方法,如果不利用继承,那么就要定义三个类,在每个类里面包括吃和睡这样的方法。

继承是这样的一种能力,它可以使用现有类的所有功能,并且在无须重新编写原来的类的情况下对这些功能进行扩展。使用继承而产生的类被称为派生类或子类,被继承的类称为基类或父类。

继承的声明格式如下。

```
[访问修饰符] class 类名[:基类名称]
```

【例 4-13】 最简单的继承示例。在 Windows 应用程序中,每一个窗体代表一个类,所有窗体的基类是 Form 类。在本项目中,添加一个窗体 Form2,修改 Form2 的基类为 Form1,代码如下。

```
public partial class Form2: Form1
{
    public Form2()
    {
        InitializeComponent();
    }
}
```

然后在 Form1 窗体上添加一个按钮 button1,在 Form2 窗体上会自动出现一个按钮,如图 4.21 所示。

由例 4-13 可以看出,在派生类 Form2 中,没有定义任何成员,但是 Form2 中,仍然可以找到按钮 button1,由此可见,在派生类中可以直接使用基类中的成员。当然,在实际应用中,很少有在派生类中不写任何内容的情况,通常都是在派生类中继承了基类的成员,同时在派生类中添加了派生类所拥有的一些成员,这样才能达到继承的真正目的。

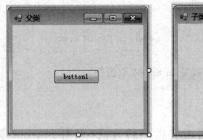 

图 4.21　子类继承父类

【例 4-14】　对例 4-13 进行修改。

在 Form1 窗体上再添加一个 RichTextBox 控件，同样在 Form2 窗体上也会自动出现一个 RichTextBox 控件。再在 Form2 窗体上添加另一个按钮 button2，如图 4.22 所示。

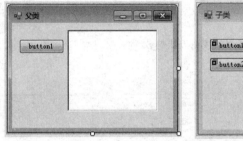 

图 4.22　例 4-14 界面设计

此时，在子类 Form2 的 button1 和 RichTextBox 控件的所有属性都是不可编辑的，这是因为在基类 Form1 中添加的 button1 和 RichTextBox 控件的访问修饰符为 private（系统自动生成），为了在派生类 Form2 中也可以编辑，需要在父类上将 button1 和 RichTextBox 控件的访问修饰符改为 public。修改方法为：在文件 Form1.Designer.cs 中找到 button1 和 RichTextBox 控件的创建语句作如下修改。

```
public System.Windows.Forms.Button button1;
public System.Windows.Forms.RichTextBox richTextBox1;
```

修改完毕，子类 Form2 的 button1 和 RichTextBox 控件就可以进行编辑了。在文件 Form1.cs 和 Form2.cs 中添加如下代码。

```
public partial class Form1 : Form
{
    private void button1_Click(object sender, EventArgs e)
    {
        richTextBox1.Text="我是button1点击的";
    }
}
```

```
public partial class Form2 : Form1
{
    private void button2_Click(object sender, EventArgs e)
    {
        richTextBox1.Text+="\n我是button2点击的";
    }
}
```

运行子类 Form2，点击 button1 调用父类中的方法，点击 button2 调用子类中的方法，如图 4.23 所示。

注意：在 C#中，也可以通过 base 关键字在派生类中调用基类的方法。

【例 4-15】 构造方法继承示例，程序运行界面如图 4.24 所示。在本项目中添加两个类：parent 和 Child 类，代码如下。

```
class Parent
{
    public Parent()
    {
        Console.WriteLine("基类的构造方法");
    }
}
class Child:Parent
{
    int a;
    public Child()
    {
        Console.WriteLine("子类构造方法");
    }
    public Child(int k)
    {
        a=k;
        Console.WriteLine("子类带参构造方法");
    }
}
```

图 4.23　例 4-14 运行结果

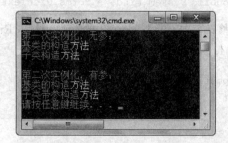

图 4.24　例 4-15 运行结果

在 Program.cs 文件的 Main()方法中添加如下代码。

```
class Program
{
    static void Main(string[] args)
    {
        Console.WriteLine("第一次实例化,无参: ");
        Child c=new Child();
        Console.WriteLine();
        Console.WriteLine("第二次实例化,有参: ");
        Child c1=new Child(8);
    }
}
```

从例 4-15 中可见,在 C#中,构造方法的执行顺序是:先调用基类的构造方法,再依次调用各派生类的构造方法。而对于析构方法,则执行顺序正好与构造方法相反。

C#的继承符合下列规则。

(1) 继承是可传递的。如果 C 类从 B 类派生,B 类又从 A 类派生,那么 C 类不仅继承了 B 类中声明的成员,同样也继承了 A 类中的成员。

(2) 派生类是对基类的扩展。在派生类中可以添加新的成员,但不能除去已经继承的成员的定义。

(3) 在类中可以定义虚方法、虚属性等。它的派生类能够重载这些成员,从而实现类的多态性。

4.5 多态

继承使得在原有的类基础之上,对原有的程序进行扩展,从而提高程序开发的效率,实现代码的复用。同一种方法作用于不同对象可以产生不同的结果,这就是多态性。

C#的多态包括两类:编译时的多态性和运行时的多态性。

编译时的多态性是通过重载来实现的。运行时的多态是指直到系统运行时,才根据实际情况决定要实现何种操作。运行时的多态性是通过虚方法来实现的。

如果希望基类中的某个方法能够在派生类中进一步得到改进,就可以把这个方法定义为虚方法。虚方法就是可以在派生类中对其实现进一步改进的方法。定义虚方法要用到 virtual 关键字。

如果要在派生类中重写基类的方法,需要用 override 关键字。

当在程序中调用某个虚方法时,运行时可以判定应该具体调用哪个方法。系统将调用最低层的派生方法,如果原始虚方法没有被重写,最低层的派生方法就是原始虚方法,否则最低层的派生方法就是相应对象中的重写方法。

【例 4-16】 虚方法的重载示例,程序运行界面如图 4.25 所示。

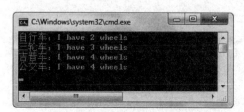

图 4.25 例 4-16 运行界面

代码如下。

```csharp
using System;
namespace _4_16
{
    class Program
    {
        static void Main(string[] args)
        {
            Bicycle b=new Bicycle();
            Console.Write("自行车：");
            b.Wheel();
            Tricycle t=new Tricycle();
            Console.Write("三轮车：");
            t.Wheel();
            Jeep j=new Jeep();
            Console.Write("吉普车：");
            j.Wheel();
            Bus bus=new Bus();
            Console.Write("公交车：");
            bus.Wheel();
            Console.ReadLine();
        }
    }
    class Vehicles                        //车辆
    {
        public virtual void Wheel()
        {
            Console.WriteLine("I have 4 wheels");
        }
    }
    class Bicycle : Vehicles              //自行车
    {
        public override void Wheel()
        {
            Console.WriteLine("I have 2 wheels");
        }
    }
    class Tricycle : Vehicles             //三轮车
    {
        public override void Wheel()
        {
            Console.WriteLine("I have 3 wheels");
        }
```

```
    }
    class Jeep : Vehicles              //吉普车
    { }
    class Bus : Vehicles               //公交车
    { }
}
```

当创建一个类时,有时候需要让该类包含一些特殊方法,该类对这些方法不提供实现,该类的派生类必须实现这些方法,这些方法为抽象方法(没有被实现的空方法)。

能够包含抽象成员的类称为抽象类,包含抽象成员的类一定是抽象类,抽象类也可包含非抽象成员。抽象类不能直接实例化,也不能被密封,只能作为其他类的基类。就比如说,老师布置作业,要求学生完成作业,老师只要给出具体的题目要求即可,而具体作业需要怎么做,每个学生都可以有自己的做法。

抽象方法的声明格式如下:

访问修饰符　abstract 返回值类型 方法名(参数列表);

这里需要注意,抽象方法是没有实现的,就连{}也不能有,在继承自抽象类的类中,必须使用 override 来重写抽象方法。

定义抽象类时,只需要在 class 关键字前加 abstract 关键字即可。

【例 4-17】 抽象类和抽象方法示例,程序运行界面如图 4.26 所示。

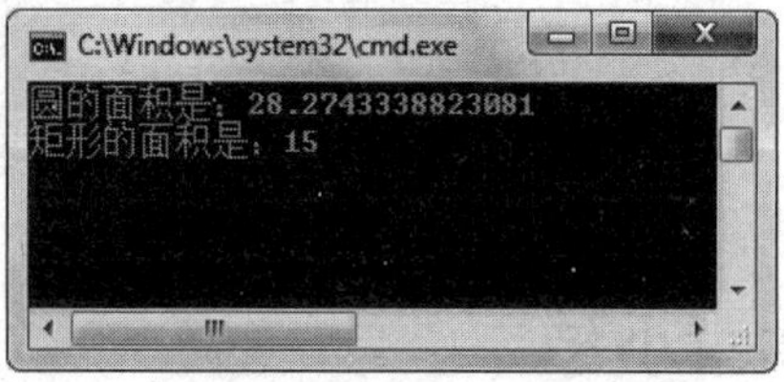

代码如下。

图 4.26　例 4-17 运行界面

```
using System;
namespace _4_17
{
    class Program
    {
        static void Main(string[] args)
        {
            Circle c=new Circle(3);
            Console.WriteLine("圆的面积是:"+c.GetArea());
            Rectangle r=new Rectangle(5, 3);
            Console.WriteLine("矩形的面积是:"+r.GetArea());
            Console.ReadLine();
        }
    }
    abstract class Shape
    {
        public abstract double GetArea();
    }
    class Circle : Shape
    {
```

```
        private double r;
        public Circle (double r)
        {
            this.r=r;
        }
        public override double GetArea()
        {
            return Math.PI * r * r;
        }
    }
    class Rectangle : Shape
    {
        private double l, w;
        public Rectangle(double l, double w)
        {
            this.l=l;
            this.w=w;
        }
        public override double GetArea()
        {
            return l * w;
        }
    }
}
```

本章小结

类是面向对象的程序设计的基本模块,本章主要介绍了面向对象的基本概念,详细介绍了类的成员:字段、方法、构造方法和析构方法、属性及索引器的使用方法,这是面向对象程序设计的基础,然后介绍了继承和多态的使用。

习题

一、选择题

1. 在C#的类结构中,class关键字前面的关键字是表示访问权限,(　　)关键字表示该类只能被这个类的成员或派生类成员访问。
　　A. public　　　　B. private　　　　C. internal　　　　D. protected

2. 调用方法时,如果想给方法传递任意个数的参数时,应选用(　　)关键字。
　　A. ref　　　　　B. out　　　　　C. params　　　　D. 无特殊要求

3. TestClass为一自定义类,它有以下属性定义:

public void Property{...}

使用以下语句创建了该类的对象,并使变量 obj 引用该对象:

```
TestClass obj=new TestClass();
```

那么,可通过(　　)访问类 TestClass 的 Property 属性。

  A. Obj,Property   B. MyClass.Property

  C. obj∷Property   D. obj.Property()

4. 面向对象三个基本原则是(　　)。

  A. 抽象,继承,派生   B. 类,对象,方法

  C. 继承,封装,多态   D. 对象,属性,方法

5. C#的构造方法分为实例构造方法和静态构造方法,实例构造方法可以对(　　)进行初始化,静态构造方法只能对静态成员进行初始化。

  A. 静态成员   B. 静态成员和非静态成员

  C. 非静态成员   D. 动态成员

6. 面向对象编程中,"继承"的概念是指(　　)。

  A. 对象之间通过消息进行交互

  B. 派生自同一个基类的不同类的对象具有一些共同特征

  C. 对象的内部细节被隐藏

  D. 派生类对象可以不受限制地访问所有的基类对象

7. 下列关于 C#面向对象应用的描述中,正确的是(　　)。

  A. 派生类是基类的扩展,派生类可以添加新的成员,也可去掉已经继承的成员

  B. abstract 方法的声明必须实现

  C. 声明为 sealed 的类不能被继承

  D. 接口像类一样,可以定义并实现方法

8. 在定义类时,如果希望类的某个方法能够在派生类中进一步改进,以处理不同的派生类的需要,则应将该方法声明成(　　)方法。

  A. sealed   B. public   C. vitual   D. override

二、填空题

1. 在 Main()方法中需要调用 Display()方法,按照要求填空。

```
class Program
{
    static void Main(string[] args)
    {
        _____      //创建 A1 类的对象 a
        Console.WriteLine(a.Display());
    }
}
class A1
{
    public string Display()
```

```
        {
            return "hello everyone!";
        }
}
```

2. 以下程序完成了调用静态方法和实例方法,补充空白处并写出运行结果。

```
class Program
{
    static void Main(string[] args)
    {
        Example e1=new Example();
        e1.meth1();
        _____        //调用 meth2()
        Console.WriteLine("a={0},b={1}",e1.a ,Example .b);
    }
}
class Example
{
    public int a;
    static public int b;
    public void meth1()
    {
        a=10;
        b=20;
    }
    public static void meth2()
    {
        b=30;
    }
}
```

程序的输出结果是_____。

3. 以下程序的输出结果是_____。

```
class Program
{
    static void Main(string[] args)
    {
        s s1=new s();
        s t1=new s();
    }
}
public class s
{
    public s()
```

```
        {Console.Write ("构造方法!");}
        static s()
        {Console .Write ("静态构造方法!");}
}
```

4. 以下程序的输出结果是_____。

```
class Program
{
    static void Main(string[] args)
    {
        Point p1=new Point();
        Point p2=new Point(3, 4);
        Console.WriteLine("p1.x={0},p1.y={1}", p1.x, p1.y);
        Console.WriteLine("p2.x={0:f},p2.y={1}", p2.x, p2.y);
    }
}
class Point
{
    public double x=0, y=0;
    public  Point()
    { x=1; y=1;}
    public Point(double a, double b)
    {x=a; y=b;}
}
```

5. 以下程序的输出结果是_____。

```
class Program
{
    static void Main(string[] args)
    {
        Tiger t=new Tiger();
    }
}
class Animal
{
    public Animal()
    {  Console.Write ("基类");     }
}
class Tiger : Animal
{
    public Tiger()
    {  Console.Write ("派生类");}
}
```

6. 以下程序的输出结果是_____。

```
class Program
{   static void Main(string[] args)
    {Triangle t=new Triangle(3, 4);
        double s=t.area();
        Console.WriteLine("area is {0}",s);
        Console.ReadLine();
    }
}class Shape
{   protected double width;
    protected double height;
    public Shape()
    { width=height=0; }
    public Shape(double w, double h)
    {
        width=w;
        height=h;
    }
    public virtual double area()
    { return width * height;}
}
class Triangle : Shape
{   public Triangle(double x, double y): base(x, y)
    {   }
    public override double area()
    {return width * height / 2;}
}
```

第 5 章 图书借阅管理系统基础设计

图书借阅管理系统的功能包括用户登录、添加用户、修改用户信息、删除用户、用户查询、增加图书、修改图书信息、删除图书、图书分类管理、图书数量管理、图书查询、图书借阅、图书归还、借阅详细信息。

5.1 图书借阅管理系统业务流程

图书借阅管理系统的业务流程如图 5.1 所示。

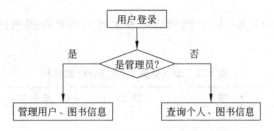

图 5.1 图书借阅管理系统的业务流程

5.2 功能模块设计

图书借阅管理系统功能分为用户管理和图书管理两部分,系统功能模块如图 5.2 所示。

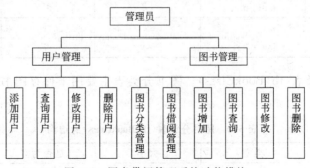

图 5.2 图书借阅管理系统功能模块

5.3 系统数据库设计

图书借阅管理系统采用 SQL Server 2008 数据库系统。数据库名为 BookManager，有 5 个表，分别是：图书信息表(tb_Book)、图书分类表(tb_BookClass)、图书借阅表(tb_BookOut)、用户信息表(tb_User)和登录信息表(Users)。

1. 各表的内容

各表的内容如表 5.1 所示。

表 5.1　各表的内容说明

表　名	说　明
图书信息表(tb_Book)	图书的详细信息，如书名、作者、出版社等
图书分类表(tb_BookClass)	图书分类信息
图书借阅表(tb_BookOut)	借阅详细信息，如读者编号、图书名、借书日期等
用户信息表(tb_User)	用户的详细信息，如用户名、身份证号、联系电话等
登录信息表(Users)	登录信息，如登录名、密码、权限等

2. 各表的结构

（1）图书信息表(tb_Book)。图书信息表主要用来保存图书的详细信息，其结构如表 5.2 所示。

表 5.2　图书信息表(tb_Book)的结构

字段名称	类型	大小	是否为空	描　述
BookName	nvarchar	50	否	书名
Author	nvarchar	50	否	作者
Publishing	nvarchar	50	否	出版社
ISBN	bigint	8	否	ISBN 号(主键)
BookClass	nvarchar	50	否	分类
Count	int	4	否	数量
Price	decimal	18	否	价格
PublishTime	datetime	8	否	出版时间
PageCount	int	4	否	页数
OutCount	int	4	否	借出数

（2）图书分类表(tb_BookClass)。图书分类表主要用来保存图书的类别信息，其结构如表 5.3 所示。

表 5.3　图书分类表(tb_BookClass)的结构

字段名称	类型	大小	是否为空	描　述
ClassName	nvarchar	50	否	类别名(主键)

(3)图书借阅表(tb_BookOut)。图书借阅表主要用来保存图书的借阅信息,其结构如表5.4所示。

表5.4 图书借阅表(tb_BookOut)的结构

字段名称	类型	大小	是否为空	描述
UserID	nvarchar	10	否	用户ID
BookName	nvarchar	50	否	书名
ISBN	bigint	8	否	ISBN号
StartTime	nvarchar	50	否	借书日期
EndTime	nvarchar	50	否	截止日期
IsReturn	nvarchar	50	否	是否归还
ReturnTime	nvarchar	50	是	归还日期

(4)用户信息表(tb_User)。用户信息表主要用来保存用户的详细信息,其结构如表5.5所示。

表5.5 用户信息表(tb_User)的结构

字段名称	类型	大小	是否为空	描述
UserID	nvarchar	10	否	用户ID(主键)
Name	nvarchar	50	否	姓名
IdentityID	nvarchar	50	否	身份证号码
Sex	nvarchar	2	否	性别
Department	nvarchar	50	否	部门
Interest	nvarchar	50	否	爱好
Age	int	4	否	年龄
Phone	bigint	8	否	手机号
QQ	bigint	8	否	QQ号

用户信息表(tb_User)建立后,先不添加表内容,待系统完成,管理员登录后,再逐条添加记录或者批量导入Excel表中的用户信息。

(5)登录信息表(Users)。登录信息表主要用来保存系统的用户信息,其结构如表5.6所示。

表5.6 登录信息表(Users)的结构

字段名称	类型	大小	是否为空	描述
UserName	nvarchar	10	否	用户名
PassWord	nvarchar	50	否	密码
Role	int	4	否	权限

登录信息表(Users)建立后,可以先添加一条信息(如"ly""123"、0),即管理员的用户名、密码和权限(0代表管理员),作为首次登录图书借阅管理系统时的登录账号。

5.4 三层架构的创建

1. 什么是三层架构

通常意义上的三层架构就是将整个业务应用划分为表现层(UI)、业务逻辑层(BLL)、数据访问层(DAL)。区分层次的目的即为了"高内聚,低耦合"的思想。

三个层次中,系统主要功能和业务逻辑都在业务逻辑层进行处理。

所谓三层架构,是指在客户端与数据库之间加入了一个"中间层",也叫组件层。这里所说的"三层",不是指物理上的三层,不是简单地放置三台机器就是三层架构,也不仅仅有 B/S 应用才是三层架构。

(1) 数据访问层(DAL)。该层事务为直接操作数据库,主要是数据的增添、删除、修改、查找等。该层为业务逻辑层或表现层提供数据服务。

(2) 业务逻辑层(BLL)。该层针对具体问题进行操作,也可以说是对数据进行业务逻辑处理。如果说数据层是积木,那逻辑层就是对这些积木的搭建。

(3) 表现层(UI)。通俗地讲就是展现给用户的界面,如网页或窗口。如果逻辑层相当强大和完善,无论表现层如何定义和更改,逻辑层都能完善地提供服务。

2. 三层架构的优缺点

1) 优点

(1) 开发人员可以只关注整个架构中的其中某一层。

(2) 可以很容易地用新的实现来替换原有层次的实现。

(3) 可以降低层与层之间的依赖。

(4) 有利于标准化。

(5) 利于各层逻辑的复用。

(6) 结构更加的明确。

(7) 极大地降低了后期维护成本和维护时间。

2) 缺点

(1) 降低了系统的性能。如果不采用分层式结构,很多业务可以直接访问数据库,以此获取相应的数据,现在却必须通过中间层来完成。

(2) 有时会导致级联的修改。这种修改尤其体现在自上而下的方向。如果在表现层中需要增加一个功能,为保证其设计符合分层架构,可能需要在相应的业务逻辑层和数据访问层中都增加相应的代码。

(3) 增加了开发成本。

3. 本系统三层架构的搭建

本系统采用标准的三层架构,搭建步骤如下。

(1) 启动 Visual Studio 2013,选择"文件"→"新建"→"项目"命令,打开"新建项目"对话框,如图 5.3 所示。选择"模板"→Visual C#→Windows→"Windows 窗体应用程

序"选项,然后在下方"名称"和"解决方案名称"文本框中输入应用程序名称,如"图书借阅管理系统";在"位置"组合框中设置应用程序的保存位置。其他选项保持默认,单击"确定"按钮完成创建。

图 5.3 "新建项目"对话框

(2) 此时已经建了一个包含一个项目的解决方案"图书借阅管理系统"。"解决方案资源管理器"窗格如图 5.4 所示。

图 5.4 "解决方案资源管理器"窗格

(3) 在"解决方案资源管理器"窗格中,右击解决方案名,选择"添加"→"新建项目"命令,在打开的"添加新项目"对话框中选中"类库"选项并命名为 Model,如图 5.5 所示。

此时,Model 类库中包含一个默认类 Class1,在"解决方案资源管理器"中右击类 Class1,选择"重命名"命令,将类名修改为 Users。再在 Model 类库中新建两个类,分别为 Books 类和 BookOut 类,目前的"解决方案资源管理器"窗格如图 5.6 所示。

这 3 个类主要完成对数据库各个表中字段的定义,Users 类的部分代码如下,Books 和 BookOut 类的代码相似,此处先不给出,待后续功能需要时再给出。

图 5.5 添加 Model 类库

图 5.6 Model 类库中添加 3 个类

```
namespace Model
{
    public class Users
    {
        private string _userID;                  //UserID 用户编号
        public string UserID
        {
            get{ return this._userID; }
            set{ this._userID=value; }
        }
        private string _name;
        public string Name                        //用户姓名
        {
```

```
            get { return this._name; }
            set { this._name=value; }
        }
        private string _identityID;
        public string IdentityID                    //身份证号码
        {
            get { return this._identityID; }
            set { this._identityID=value; }
        }
        ...
    }
}
```

至此，Model 类库创建完毕，在"解决方案资源管理器"中右击类库 Model，选中"生成"命令，可以在页面左下角看见生成进度。

（4）用同样的方式，新建一个类库 DAL，此类库中包含一个类 BookManager，主要是对系统中各种功能的具体实现。

（5）在类库 DAL 中添加对类库 Model 的引用。在"解决方案资源管理器"中展开 DAL 类库，右击"引用"，选择"添加引用"命令，在弹出的窗口中单击"解决方案"→"项目"，然后选中 Model 复选框，单击"确定"按钮，如图 5.7 所示。

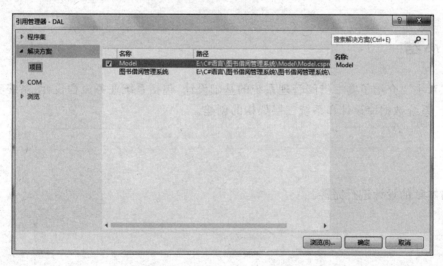

图 5.7　在 DAL 中引用 Model

（6）创建一个新类库——BLL，其中包含 BookManager 类，主要是对 DAL 类库中的类的调用。在 BLL 类库中添加对 Model 类库和 DAL 类库的引用，同时生成 BLL。

（7）目前，已创建了 3 个类库：Model、DAL、BLL。现在需要添加 UI 层的第一个窗体——登录窗体。创建此解决方案时的第一个项目（图书借阅管理系统），就是 UI 层，首先添加对 Model、DAL 和 BLL 3 个类库的引用。然后修改默认窗体 Form1 的名字，命名为"登录"。

（8）至此，本系统的三层架构已创建成功，目前的"解决方案资源管理器"窗格如图5.8所示。

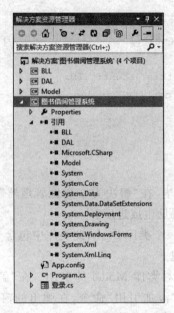

图5.8 添加UI层的第一个窗体

本章小结

本章主要介绍了图书借阅管理系统的基础设计，包括系统业务流程设计、系统功能模块设计、系统数据库设计和系统三层架构的创建。

习题

对本章的设计进行完善。

第6章 异常处理

对于任何一门编程语言,异常处理都是不可缺少的一个组成部分;对于软件开发人员而言,在代码中进行异常处理同样也是程序设计的一个基本原则。本章主要介绍异常处理常用的语句结构以及常见的异常类。

6.1 错误和异常

程序中的错误有很多种,最典型的是代码中的语法错误,这样的错误在编译时能被检查到,不改正程序就不能通过编译。另一种是代码中的逻辑错误,即代码本身没有语法错误,但是程序可能并没有做出开发人员或用户希望做的事情,这样的错误既可能在程序运行过程中出现,也可能一直隐藏在程序中,不定时的发生。

异常是错误的一种,它的结果是导致程序不能正确运行,如系统崩溃、程序非正常退出、死循环等。对于程序中出现的异常,可以使用 C♯ 中提供的结构化异常语句来处理。

.NET 框架中提供了许多预定义的异常类来处理程序中出现的各类异常,也可以创建用户自定义的异常类。

.NET 框架中提供的异常类如图 6.1 所示。

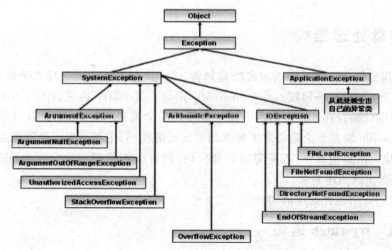

图 6.1 .NET 框架中的异常类

System.Exception 类是异常类的基类,大多数异常类都派生自 Exception 类。Exception 类中有一些常用的属性,如表 6.1 所示。

表 6.1 Exception 类的常用属性

属　　性	说　　明
HelpLink	获取或设置指向此异常所关联帮助文件的链接
InnerException	获取导致当前异常的异常实例
Message	获取描述当前异常的信息
Source	获取或设置导致错误的应用程序或对象的名称
StackTrace	获取当前异常发生所经历的方法的名称和签名
TargetSite	获取引发当前异常的方法

其余常见异常类的解释如下。

ArgumentException：在向方法提供的参数无效时引发的异常。

ArgumentNullException：当将空引用传递给不接受它作为有效参数的方法时引发的异常。

ArgumentOutOfRangeException：当参数值超出调用的方法所定义的允许取值范围时引发的异常。

UnauthorizedAccessException：当操作系统因 I/O 错误或指定类型的安全错误而拒绝访问时引发的异常。

StackOverflowException：挂起的方法调用过多而导致堆栈溢出时引发的异常。

ArithmeticException：因算术运算、类型转换或转换中的错误而引发的异常。

IOException：发生 I/O 错误时引发的异常。

FileLoadException：当找到托管程序集却不能加载它时引发的异常。

FileNotFoundException：试图访问磁盘上不存在的文件时引发的异常。

DirectoryNotFoundException：当找不到文件或目录的一部分时引发的异常。

EndOfStreamException：读操作超出流的末尾时引发的异常。

6.2　异常处理结构

C# 采用结构化异常处理语句来处理异常,C# 共有 3 种结构化异常处理语句:try-catch 语句、try-finally 语句和 try-catch-finally 语句。其中,try 块内的语句用来指明有可能出现异常的代码;catch 块内的语句用于对出现的异常进行处理,若没有异常,则 catch 块不执行;finally 块是无论是否发生异常均要执行的代码,主要用来清理资源或执行要在 try 块末尾执行的其他操作,若不需要清理代码,则可以不使用该块。在 catch 块内使用 throw 语句抛出或传递异常。

下面分别介绍各种处理语句。

6.2.1　try-catch 语句

在编写程序时,通常不希望程序给客户提示的是异常信息,而是希望出现异常时进行一些处理,使用 try-catch 语句可以实现这样的功能。

执行流程:执行 try 块,若程序没有错误,则执行完 try 块后执行 catch 块内的语句;若有错误,则中止 try 块内的语句的执行,跳到 catch 块内进行异常处理,执行完 catch 块内的语句后,执行 catch 块后的语句。

catch 语句只能捕获与它配套的 try 代码段中的异常。catch 语句可以指定捕获的异常的类型。若不指定类型,则所有的异常都执行 catch 块内的语句;若指定类型,则只有发生此类型的异常时才会执行相应 catch 块内的语句;若发生了所有 catch 块都不能处理的异常,则代码会中止。

注意,当捕获多个异常时,若两个 catch 块的异常类存在继承关系,则要先捕获派生类的异常,再捕获基类异常,否则,捕获派生类异常的 catch 块将不起作用。

【例 6-1】 使用 try-catch 处理异常,运行界面如图 6.2 所示。
代码如下。

图 6.2 例 6-1 界面

```
using System;
namespace _6_1
{
    class Program
    {
        static void Main (string [] args)
        {
            try
            {
                Console.Write("输入整数 x: ");
                int x=Convert.ToInt32(Console.ReadLine());
                Console.Write("输入整数 y: ");
                int y=Convert.ToInt32(Console.ReadLine());
                Console.WriteLine("x/y={0}", x / y);
            }
            catch (DivideByZeroException zero)
            {
                Console.WriteLine(zero.Message);
            }
            catch (FormatException format)
            {
                Console.WriteLine("输入的整数格式不正确");
            }
            catch (Exception ex)
            {
                Console.WriteLine(ex.Message);
            }
            Console.ReadLine();
        }
    }
}
```

在例 6-1 中，输入 3.5 时，因为它不是整型数据，所以会引发 FormatException 异常；如果输入 y 的值为 0，则会引发 DivideByZeroException 异常；若是其他类型的异常，则会去触发 Exception 异常类，输出相应的异常信息。

例 6-1 中，存在多个 catch 语句，所有的异常类都继承自 Exception 类，因此，若将最后一个 catch 块移至其他 catch 块前面，则在编译时会报错。

6.2.2 try-finally 语句

在 try 块后紧跟着 finally 块，由于没有 catch 块，所以不对异常进行处理，因此，虽然该语句是异常处理结构的一种，但实际上并没有进行异常处理。在执行时，若没有发生异常，try-finally 语句将按正常方式执行，若在 try 块内有异常，则将在执行完 finally 块后抛出异常。

finally 块用于清除 try 块中分配的任何资源，以及运行任何即使在发生异常时也必须执行的代码。控制总是传递给 finally 块，与 try 块的退出方式无关。

【例 6-2】 使用 try-finally 语句，运行界面如图 6.3 所示。

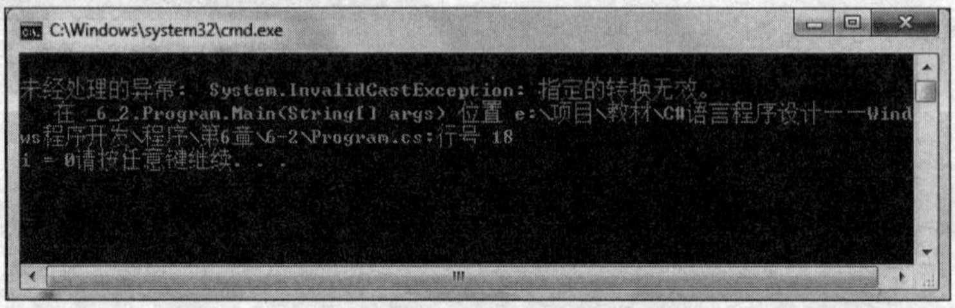

图 6.3 例 6-2 界面

代码如下。

```
using System;
namespace _6_2
{
    class Program
    {
        static void Main(string[] args)
        {
            int i=0;
            string s="someth";
            object o=s;
            try
            {
                i=(int)o;
            }
            finally
            {
                Console.Write("i={0}", i);
            }
```

            }
        }
}
```

当运行程序时,try 块中存在异常,但 finally 块仍继续执行并输出信息。

### 6.2.3 try-catch-finally 语句

执行流程如下。
(1) 执行 try 块内的语句。
(2) 若没有异常,则正常执行操作。当执行完 try 块后,进入 finally 块中执行语句;若出现异常,程序中止 try 块的语句,进入 catch 块。
(3) 在 catch 块中进行异常处理,可以包含一个或多个 catch 块。
(4) 在 catch 块执行完成后,自动转到 finally 块执行。
(5) 执行完 finally 块,结束异常处理。

同样,不管是否发生异常,finally 块中的代码都会执行,在异常处理结构中最多只能有一个 finally 块。

【例 6-3】 使用 try-catch-finally 语句,程序运行界面如图 6.4 所示。

图 6.4 例 6-3 界面

程序代码如下。

```
using System;
namespace _6_3
{
    class Program
    {
        static void Main(string[] args)
        {
            try
            {
                int[] a={ 1, 3, 4, 5, 6 };
                int sum=0;
                for(int i=0; i<6; i++)
                    sum+=a[i];
                Console.WriteLine("和为{0}", sum);
            }
            catch (ArgumentOutOfRangeException a)

```
            {
                Console.WriteLine(a.Message);
            }
            catch (Exception ex)
            {
                Console.WriteLine(ex.Message);
            }
            finally
            {
                Console.WriteLine("嘻嘻,怎么都要执行我的!");
            }
            Console.ReadLine();
        }
    }
}
```

当数组下标超出范围时,触发 ArgumentOutOfRangeException 异常,最后的 finally 块中的语句,就算在 try 块中出现异常,也仍然要执行。

6.2.4 throw 语句

前面介绍的结构化异常处理语句用于防止异常出现时程序中止,而 throw 语句则与异常处理语句正好相反,用于在程序执行期间出现异常时发出信号。

语句格式如下。

throw 表达式;

其中,表达式必须表示一个 Exception 类或它的派生类型,也可以在 throw 语句后没有表达式,表示将异常再次抛出。

【例 6-4】 使 throw 语句,抛出异常按 Ctrl+F5,程序运行界面如图 6.5 所示。

图 6.5 例 6-4 界面

```
using System;
namespace _6_4
{
    class Program
```

```
    {
        static void Main(string[] args)
        {
            int i=0;
            int count=3;
            Console.WriteLine("请输入密码：");
            while (Console.ReadLine() !="wxy")
            {
                Console.WriteLine("密码错误");
                i++;
                if (i >=count)
                    throw (new Exception("密码错误三次,退出了"));
              Console.WriteLine("请输入密码：");
            }
            Console.WriteLine("成功");
            Console.ReadLine();
        }
    }
}
```

6.3 自定义异常类

.NET 框架中虽然提供了大量的异常处理类,但是在现实中,可能会遇到各种各样的系统未定义的错误,可以通过自定义异常类来处理这样的问题,并在出现异常时使用 throw 关键字来抛出异常。

自定义异常类继承自 System.ApplicationException 类,该类用于区别异常是系统定义的还是用户自己定义的。下面通过一个示例来说明自定义异常类的使用。

【例 6-5】 自定义异常类的使用。创建一个自定义类 MyOwnException 类,当年龄超出程序定义的范围时,由自定义异常类处理该异常。程序运行界面如图 6.6 所示。

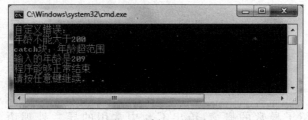

图 6.6 例 6-5 界面

程序代码如下。

```
using System;
namespace _6_5
{
    class Program
    {
```

```csharp
        static void Main(string[] args)
        {
            int age=209;
            try
            {
                if (age<0 || age >200)
                    throw new MyException("年龄超范围", age);
            }
            catch (MyException ex)
            {
                Console.WriteLine("catch 块：{0}", ex.M);
            }
            Console.WriteLine("输入的年龄是{0}", age);
            Console.WriteLine("程序能够正常结束");
        }
    }
    class MyException : ApplicationException
    {
        private string myMessage;
        public string M
        {
            get { return myMessage; }
            set { myMessage=Message; }
        }
        public MyException(string str,int value )
        {
            myMessage=str;
            Console.WriteLine("自定义错误：");
            if (value<0)
                Console.WriteLine("年龄不能小于 0");
            else
                Console.WriteLine("年龄不能大于 200");
        }
    }
```

本章小结

本章简要介绍了异常的概念，给出 C# 中常用的异常处理语句：try-catch、try-finally、try-catch-finally 和 throw 语句的使用方法，并介绍了如何实现自定义异常类。

习题

一、选择题

1. 以下关于 C# 语言的异常处理语句 try 的说法，不正确的是（   ）。

A. finally 语句中的代码始终要执行
B. 一个 try 块后接一个或多个 finally 块
C. try 块必须与 catch 或 finally 块一起使用
D. 一个 try 块后可有 0 个、1 个或多个 catch 块

2. 一般情况下,异常类存放在(　　)中。
A. 生成异常类所在的命名空间　　B. System.Exception 命名空间
C. System.Diagnostics 命名空间　　D. System 命名空间

二、填空题

1. 在异常处理结构中,抛出的异常要用_____语句捕捉。
2. 在异常处理结构中,对异常处理的代码应放在_____块中。

三、简答题

1. 结构化异常处理捕获异常的原则是什么?
2. 简述三种结构化异常处理语句的执行过程。

四、实操题

1. 模拟计算器,输入两个操作数和一个操作符,根据操作符输出运算结果,注意进行异常捕获。

2. 若分别从键盘上输入 5 和 x,则以下程序的执行结果是_____。

```
static void Main(string[] args)
{
    try
    {
        int x=Convert.ToInt32(Console.ReadLine());
        int y=Convert.ToInt32(Console.ReadLine());
        int z=x / y;
    }
    catch (FormatException)
    {Console.WriteLine("格式不符");}
    catch (DivideByZeroException)
    { Console.WriteLine("除数不能是 0");}
    catch (Exception)
    {Console.WriteLine("Exception!");}
    finally
    {
        Console.WriteLine("thank you for using the program!");
    }
    Console.ReadLine();
}
```

第 7 章 数据库应用开发

数据库的应用在人们的生活和工作中已经无处不在,无论什么样的系统,都离不开数据库的应用。对于大多数应用程序来说,无论它们是 Windows 应用程序还是 Web 应用程序,存储和检索数据都是其核心功能。所以针对数据库的开发已经成为软件开发的一种必备技能。在.NET 框架中,访问数据库的功能是由 ADO.NET 提供的。本章介绍 ADO.NET 对象模型中各个对象的使用。

7.1 ADO.NET 概述

ADO.NET 是 ADO(ActiveX Data Objects)发展的产物,更具有通用性,它的出现开辟了数据访问的新纪元,成功地实现了在"断开"的概念下实现对服务器上数据库的访问。应用程序可以通过 ADO.NET 很轻松地与基于文件或基于服务器的数据存储进行通信并对其加以管理。

7.1.1 ADO.NET 对象模型

ADO.NET 主要由两部分组成:.NET 数据提供程序和 DataSet(数据集);.NET 数据提供程序负责与物理数据源连接,检索和操作数据以及更新数据源,它使得数据源与组件、XML Web 服务以及应用程序之间可以进行通信。DataSet 是 ADO.NET 的断开式结构的核心组件,能够实现独立于任何数据源的数据访问。

ADO.NET 对象模型如图 7.1 所示。

Connection:用于创建与数据源的连接。

Command:用于对数据源执行操作并返回结果。

DataReader:是一个快速、只读、只向前的游标,用于速度检索并检查查询所返回的行。

DataAdapter:是数据源和数据集之间的桥梁,用于实现填充数据集和更新数据源的作用。

DataSet:是数据在本地的缓存,包含 Tables、Rows、Columns、Constraints 和 Relations 集合等。

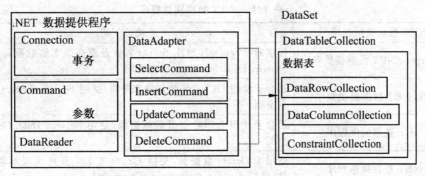

图 7.1 ADO.NET 对象模型

7.1.2 ADO.NET 命名空间

ADO.NET 主要在 System.Data 命名空间层次结构中实现,该层次结构在物理上存在于 System.Data.dll 程序集文件中。

相关的命名空间主要包括以下几个。

System.Data:ADO.NET 的核心,其中的类用于组成 ADO.NET 的结构的无连接部分,如 DataSet 类。

System.Data.Common:由.NET 数据提供程序继承并实现的实用工具类和接口。

System.Data.SqlClient:SQL Server.NET 数据提供程序。

System.Data.OleDb:OLE DB.NET 数据提供程序。

当在程序中用到命名空间下面的类时,必须首先在程序中引入相关命名空间,这样该类才能够正常使用。

7.2 Connection 对象

7.2.1 选择.NET 数据提供程序

无论是在连接环境还是在非连接环境工作,都必须建立与数据源的连接。对于数据源的连接,选择正确的.NET 数据提供程序是首要工作。.NET 框架提供了多种数据源连接,由于不同的数据源需要不同的.NET 数据提供程序,因此需要连接到数据源时,应该根据实际情况选择所需要的.NET 数据提供程序。

.NET 框架中包含的.NET 数据提供程序如表 7.1 所示。

.NET 框架中包含多种.NET 数据提供程序,那么在连接数据源时,应采用哪种.NET 数据提供程序呢?基于提高应用程序的性能、功能和完整性的角度出发,应遵循表 7.2 所示的原则进行选择。

表 7.1 .NET 数据提供程序

.NET 数据提供程序	说 明
SQL Server.NET 数据提供程序	提供对 Microsoft SQL Server 7.0 及更高版本的数据访问,使用 System.Data.SqlClient 命名空间
OLE DB.NET 数据提供程序	适合于使用 OLE DB 公开的数据源,使用 System.Data.OleDb 命名空间
ODBC.NET 数据提供程序	适合于使用 ODBC 公开的数据源,使用 System.Data.Odbc 命名空间
Oracle.NET 数据提供程序	适用于 Oracle 数据源,支持 Oracle 8.1.7 及更高版本客户端软件,使用 System.Data.OracleClient 命名空间

表 7.2 .NET 数据提供程序的选择原则

数 据 源	.NET 数据提供程序
SQL Server 7.0 及更高版本	SQL Server.NET 数据提供程序
SQL Server 6.5 及更早版本,Access	OLE DB.NET 数据提供程序
可以通过 OLE DB 提供程序访问的任何异构数据源	OLE DB.NET 数据提供程序
可以通过 ODBC 驱动程序访问的任何异构数据源	ODBC.NET 数据提供程序

以上原则只是一般性原则,可以根据实际情况来选择其他的.NET 数据提供程序。当正确地选择了.NET 数据提供程序后,即可使用相应的连接类来创建连接对象。

7.2.2 使用 SqlConnection 对象

当与 SQL Server 7.0 及更高版本的数据库进行连接时,需要使用 SqlConnection 类建立与数据库的连接。

【例 7-1】 访问本机 SQL Server 中的数据库 student,采用 Windows 登录方式。

首先在程序中引用命名空间。

```
using System.Data.SqlClient;
```

连接代码如下。

```
//创建一个连接对象
SqlConnection conn=new SqlConnection();
//设置连接字符串属性
conn.ConnectionString =" data source = (local); initial catalog = student;
integrated security=true;";
//打开连接
conn.Open();
MessageBox.Show ("打开连接!");
//关闭连接
conn.Close();
MessageBox.Show ("关闭连接!");
```

其中,Open()和 Close()为连接类的方法,分别表示打开到数据库的连接和关闭到数据库的连接。若想采用混合模式登录,则只须如下更改连接字符串的属性。

```
conn.ConnectionString="data source=(local);initial catalog=student;
                      uid=sa;pwd=sa;";
```

7.2.3 使用 OleDbConnection 对象

在创建 OleDbConnection 对象时,必须使用连接字符串的关键字——Provider 以提供连接驱动程序的名称。针对不同的数据源,Provider 的取值不同。当与 SQL Server 6.5 及更早版本的数据库连接时,Provider 的值为 SQLOLEDB;当与 Oracle 数据源连接时,其值为 MSDAORA;与 Access 数据库连接时,其值为 Microsoft.Jet.OLEDB.4.0。

【例 7-2】 与 Access 数据库连接,Access 数据库文件的存放路径为 D:\\aaa.mdb。
首先在程序中引用命名空间。

```
using System.Data.OleDb;
```

连接代码如下。

```
//创建一个连接对象
OleDbConnection conn=new OleDbConnection();
//设置连接字符串属性
conn.ConnectionString=" provider=Microsoft.Jet.OLEDB.4.0;"+"data source=D:\\aaa.mdb;";
//打开连接
conn.Open();
MessageBox.Show("打开连接!");
//关闭连接
conn.Close();
MessageBox.Show ("关闭连接!");
```

7.3 Command 对象的使用

连接环境是指在与数据库操作的整个过程中,一直保持与数据库的连接状态不断开,其特点在于处理数据速度快、没有延迟,无须考虑由于数据不一致而导致的冲突等方面的问题。在连接环境下使用最多的是命令(Command)对象。

使用 Connection 对象与数据源创建连接之后,就可以使用 Command 对象对数据源进行插入、修改、删除及查询等操作。在执行命令时,可以使用 SQL 语句,也可以使用存储过程。根据.NET 数据提供程序的不同,Command 类也不同,主要包括 SqlCommand、OleDbCommand、OracleCommand 和 OdbcCommand 对象。在创建 Command 对象时,对其属性的设置非常重要,下面简要介绍几个常用的属性。

Connection:指定与 Command 对象相联系的 Connection 对象。

CommandType:指定命令的类型。命令主要有 3 种类型:Text、StoredProcedure、TableDirect,分别代表 SQL 语句、存储过程和直接操作表,其中 Text 为默认类型。在

SQL Server .NET 数据提供程序中,不存在 TableDirect 类型。

CommandText:命令的内容。根据 CommandType 的类型,取值分别为 SQL 语句的内容、相应的存储过程名和表名。

Prameters:参数集合属性。用来设置 SQL 语句或存储过程的参数,以便能够正确地处理输入、输出和返回值类型。参数对象的常用属性如表 7.3 所示。

表 7.3 参数对象的常用属性

属 性	描 述
ParameterName	参数名称,如@stu_id
SqlDbType	参数的数据类型
Size	参数中数据的最大字节数
Direction	指定参数的方向,可以是下列值的其中 1 个。 ParameterDirection.Input:输入参数(默认) ParameterDirection.Output:输出参数 ParameterDirection.InputOutput:既可是输入参数也可以是输出参数 ParameterDirection.ReturnValue:返回值类型参数
Value	指明输入参数的值

对各种属性的具体设置方法将在后面的实例中给出。

Command 对象主要包含 3 个方法:ExecuteScalar()、ExecuteReader()和 ExecuteNonQuery()。其中,ExecuteScalar()方法执行后返回的只有一个值,这个方法多数情况用于获取单个值,如执行聚合函数的查询过程、求某列的平均值等;ExecuteReader()方法执行后返回具有 DataReader 对象类型的行集,多数情况用于返回一个或多个结果集的情况;ExecuteNonQuery()方法执行后返回本次操作所影响的行数,主要用于没有返回值的情况,如执行存储过程、插入/修改/删除记录等。

7.3.1 插入、修改、删除数据

ExecuteNonQuery()方法可用于执行 DDL(数据定义语言)语句、DCL(数据控制语言)语句和 DML(数据操纵语言)语句,返回的是受影响的行数。其中,DDL 包括 CREATE、ALTER、DROP 语句;DCL 包括 GRANT、DENY、REVOKE 语句;DML 包括 INSERT、UPDATE、DELETE 语句。

【例 7-3】 使用 ExecuteNonQuery 向数据库 student 的表 ss 中插入一条记录,界面设计如图 7.2 所示。

首先在程序中引入命名空间。

using System.Data.SqlClient;

在按钮的单击事件里添加如下代码。

private void btnInsert_Click(object sender, EventArgs e)
{
    //创建连接对象 conn

图 7.2 插入数据的界面

```
SqlConnection conn=new SqlConnection();
conn.ConnectionString="data source=.;initial catalog=student;
                      integrated security=true;";
//创建命令对象 cmd
SqlCommand cmd=new SqlCommand ();
//设置与 cmd 关联的连接对象
cmd.Connection=conn;
//执行的是 SQL 语句,所以该属性可省略
cmd.CommandType=CommandType .Text;
//设置与 cmd 关联的命令的内容
cmd.CommandText="insert into ss values('"+txtbStuID.Text+"','"+txtbName.
                 Text+"')";
//打开连接
conn.Open ();
//执行全集对象的方法
cmd.ExecuteNonQuery ();
//关闭连接
conn.Close ();
MessageBox.Show ("插入成功");
}
```

执行对数据库的其他操作(如修改、删除、建表、授权等)与此类似,只须更改 CommandText 的内容。

7.3.2 读取数据

Command 对象的 ExecuteScalar()和 ExecuteReader()方法用来获取数据库中的数据。其中,ExecuteScalar()方法多数情况下用来获取单个值,如执行聚合函数、获取商场每天的销售额、获取学生的平均成绩等;ExecuteReader()方法多数情况下用于返回一个或多个结果集的情况,如获取一个表中的所有记录等,该方法执行后返回具有 DataReader 对象类型的行集,通常与 DataReader 一起使用。

1. ExecuteScalar()方法

该方法的使用非常简单,只须设置命令对象的属性并执行方法就可以了。当查询的是多列的值时,返回第 1 列的值。

【例 7-4】 从学生表中获取所有学生的学号,并在文本框中显示第一条记录,主要代码如下。

```
//创建连接对象 cn
SqlConnection cn=new SqlConnection();
//设置连接字符串属性
cn.ConnectionString="data source=.;initial catalog=student;
                    integrated security=true;";
//创建命令对象 cmd
```

```
SqlCommand cmd=new SqlCommand();
//设置与 cmd 关联的连接对象
cmd.Connection=cn;
//设置命令的类型
cmd.CommandType=CommandType.Text;
//设置命令的内容
cmd.CommandText="select stu_id from ss";
//打开连接
cn.Open();
//执行命令的方法,并将返回值赋给变量 d
int d=Convert.ToInt32(cmd.ExecuteScalar());
//关闭连接
cn.Close();
textBox1.Text=d.ToString();
```

2. ExecuteReader()方法

ExecuteReader()方法返回一个 DataReader 对象。DataReader 对象是一个快速、只读、只向前的游标,它可以在数据行的流中进行循环,当执行某个返回行集的命令时,可以使用 DataReader 对象循环访问行集。

DataReader 对象随着选择的.NET 数据提供程序的不同而不同,需要根据.NET 数据提供程序来选择此对象,如 SqlDataReader、OleDbDataReader 等。

下面给出了 DataReader 对象的主要方法。

Get[DataType]():该方法的完整名称根据所要获取的值而定,如果获取的值为 String 类型,则方法是 GetString();若获取的值是 Int32 类型,则该方法为 GetInt32(),以此类推。该方法在使用时需要提供一个 Int32 类型的参数,指定要获取行的列序号(从 0 开始)。例如,想以 String 类型获取第 3 列的值,则该方法为 GetString(2)。

GetName():通过传递的列序号来获取指定列的名称。

GetOrdinal():通过传递的列名称来获取指定的列序号。

GetValue():获取以本机形式表示的指定列的值。

Close():关闭 DataReader 对象。

Read():使对象的指针前进到下一条记录,如果下一条存在,返回值为 true;如果不存在,返回值为 false。

NextResult():当存在多个 SELECT 语句时,此方法用于读取下一个记录集的结果。

【例 7-5】 在 ListBox 控件上显示学生表中的学生姓名,界面如图 7.3 所示。

```
private void button1_Click(object sender, EventArgs e)
{
    //创建连接对象
    SqlConnection cn=new SqlConnection();
```

图 7.3 单个查询的界面

```
//设置连接字符串属性
cn.ConnectionString="data source=.;initial catalog=student;integrated security=true;";
//创建命令对象cmd
SqlCommand cmd=new SqlCommand();
//设置cmd的Connection属性
cmd.Connection=cn;
//设置命令执行的内容
cmd.CommandText="select stu_name from ss";
//打开连接
cn.Open ();
//创建数据阅读器对象,并将命令对象执行方法后的结果赋值给dr
SqlDataReader dr=cmd.ExecuteReader();
//遍历dr中的每条记录,添加到lstbName
while (dr.Read())
    lstbName.Items.Add(dr.GetString(0));
//关闭dr
dr.Close();
//关闭连接
cn.Close();
}
```

【例 7-6】 执行多个 SELECT 语句。已知有两个 ListBox 控件,一个 Button 控件,执行 select stu_id from ss 与 select stu_name from ss 两个 SELECT 语句,并将结果显示到 ListBox 控件中,界面如图 7.4 所示。

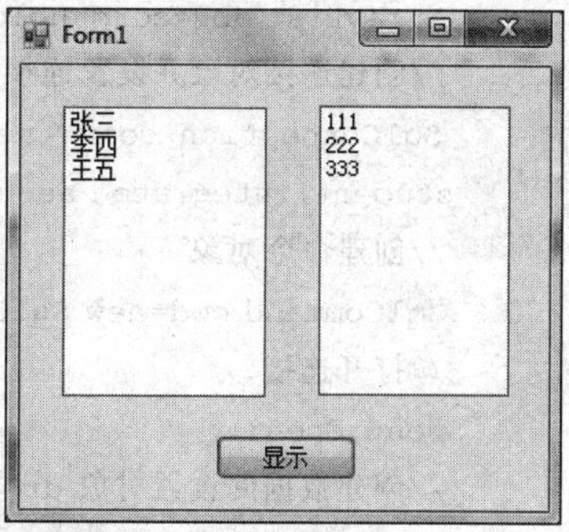

图 7.4 多个查询的界面

```
private void button1_Click(object sender, EventArgs e)
{
    //创建连接对象
    SqlConnection cn=new SqlConnection();
    //设置连接字符串
    cn.ConnectionString="data source=.;initial catalog=student;
                    integrated security=true;";
    //创建命令对象
    SqlCommand cmd=new SqlCommand ("select stu_name from ss;"
                    +"select stu_id from ss", cn);
    //打开连接
    cn.Open();
    //创建数据阅读器dr,并将命令对象执行方法后的结果赋给dr
    SqlDataReader dr=cmd.ExecuteReader();
    //遍历每条记录,添加至lstbName
```

```
        while (dr.Read())
            lstbID .Items.Add(dr.GetString(0));
    //将指针移至下一个结果集
    dr.NextResult();
    //遍历每条记录,添加至 lstbName
    while (dr.Read())
        lstbName .Items.Add(dr.GetString(0));
    dr.Close();
    cn.Close();
}
```

【例 7-7】 将返回结果显示在 DataGridView 控件中,界面如图 7.5 所示。

除了需要引用 SQL Server.NET 数据提供程序的命名空间之外,还需加入如下其他命名空间。

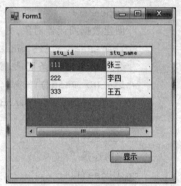

图 7.5 返回结果显示在 DataGridView 中

```
using System.Collections;
using System.Data.Common;
private void button1 _ Click (object sender, EventArgs e)
{
    //创建 ArrayList 对象 dbRecordsHolder
    ArrayList dbRecordsHolder=new ArrayList();
    //创建连接对象并设置连接字符串属性
    SqlConnection conn = new SqlConnection ("data source =.; initial catalog = student;integrated security=true;");
    //创建命令对象
    SqlCommand cmd=new SqlCommand("select * from ss", conn);
    //打开连接
    conn.Open();
    //创建数据阅读器对象 dr
    SqlDataReader dr;
    //执行命令对象的方法,将返回值赋给对象 dr
    dr=cmd.ExecuteReader(CommandBehavior.CloseConnection);
    //判断 dr 中是否包含行
    if (dr.HasRows)
    {
        //遍历每一行
        foreach (DbDataRecord rec in dr)
        {
            //将每行添加至 dbRecordsHolder
            dbRecordsHolder.Add(rec);
        }
    }
```

```
    //关闭 dr 对象
    dr.Close();
    //将 dbRecordsHolder 与 dataGridView1 绑定
    dataGridView1.DataSource=dbRecordsHolder;
}
```

7.3.3 执行存储过程

无论是 Command 对象的哪个方法，均可以执行存储过程，例 7-8 将介绍如何使用存储过程来实现对数据的修改。

【例 7-8】 使用存储过程，根据学号修改数据表中相应学生的姓名，界面如图 7.6 所示。

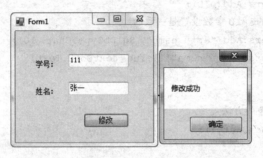

图 7.6 执行存储过程

用到的存储过程如下。

```
CREATE PROCEDURE dbo.uspUpdateStudent
(
    @stu_id char(10),
    @stu_name char(10)
)
AS
    UPDATE ss SET stu_name=@stu_name
    WHERE stu_id=@stu_id
RETURN
```

按钮的 Click 事件代码如下。

```
private void button1_Click(object sender, EventArgs e)
{
    //创建连接对象 conn 并设置连接字符串属性
    SqlConnection conn=new SqlConnection("data source=.;initial
        catalog=student;integrated security=true;");
    //创建命令对象 cmd
    SqlCommand cmd=new SqlCommand();
    //设置 cmd 的 Connection 属性
    cmd.Connection=conn;
```

```
    //设置命令的类型,若是存储过程,必须设置
    cmd.CommandType=CommandType.StoredProcedure;
    //设置命令的内容
    cmd.CommandText="uspUpdateStudent";
    //创建参数对象 pID
    SqlParameter pID=new SqlParameter();
    //设置 pID 的各种属性
    pID.ParameterName="@stu_id";
    pID.SqlDbType=SqlDbType.Char;
    pID.Size=10;
    pID.Value=textBox1.Text;
    //将 pID 添加至 Command 对象的参数集合中
    cmd.Parameters.Add(pID);
    //与上面设置的@pID参数设置是一致的
    cmd.Parameters.Add("@stu_name", SqlDbType.Char, 10);
    cmd.Parameters["@stu_name"].Value=textBox2.Text;
    //打开连接
    conn.Open();
    //执行命令对象的方法
    cmd.ExecuteNonQuery();
    //关闭连接
    conn.Close();
    MessageBox.Show("修改成功");
}
```

在本例中,存储过程中仅使用了输入参数,还可以使用输出参数或返回值类型的参数。

7.4 DataAdapter 和 DataSet 对象的使用

非连接环境是指在对数据库的操作过程中与数据库保持连接,其他时间可以断开到数据库的连接,即需要时连接,不需要时断开,这样可以节省资源。非连接环境中,最常用的对象为 DataSet(数据集)对象。

DataSet 是用于断开式数据存储的所有数据结构的集合,它是数据在本地内存的一个缓存,数据集中包含数据表、数据行、数据列、关系和约束等。

DataAdapter(数据适配器)作为数据集和数据库之间的一个桥梁,主要用于将数据库中的数据填充到数据集中,并且可以将对数据集所做的更改更新回数据库。根据.NET 数据提供程序的不同,DataAdapter 也不同,例如,若使用 SQL Server.NET 数据提供程序,则数据适配器为 SqlDataAdapter。

DataAdapter 有 4 个常用属性:InsertCommand、DeleteCommand、UpdateCommand 和 SelectCommand,以及两个方法 Fill() 和 Update()。通过设置相应 Command 的属性并执行相关方法,就可以实现对数据的填充及更新。

7.4.1 填充 DataSet

当执行填充 DataSet 的操作时，实际就是根据需要查询数据库中的信息，并将查询结果存入 DataSet。执行填充操作时，调用 SqlDataAdapter 的 Fill() 方法，而 Fill() 方法在执行时，实际上调用了数据适配器的 SelectCommand 属性。Fill() 方法有多种重载形式：Fill(DataSet)、Fill(DataTable)、Fill(DataSet,TableName) 等，可以根据实际需要来选择。

【例 7-9】 从数据库中获取 ss 表中的基本信息，并将结果显示到 DataGridView 控件上，界面如图 7.7 所示，代码如下。

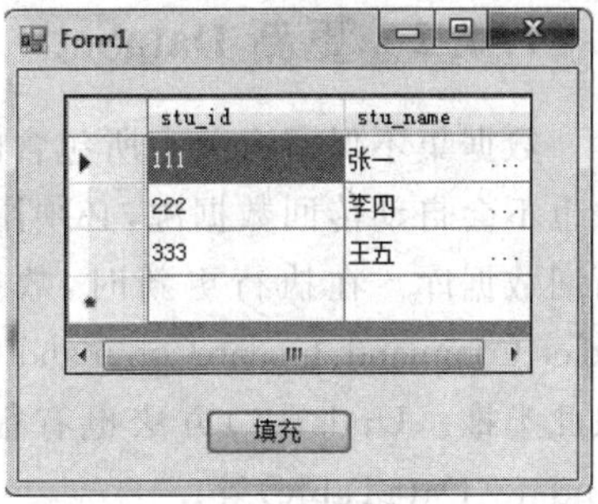

```
private void button1_Click (object sender,
EventArgs e)
{
    //创建连接对象并设置连接字符串属性
    SqlConnection cn=new SqlConnection();
    cn.ConnectionString =" data source =.;
    initial catalog = student; integrated
    security=true;";
    //创建数据适配器对象 da
    SqlDataAdapter da=new SqlDataAdapter
        ("select stu_id,stu_name from ss", cn);
    //另外一种创建数据适配器对象的方法
    //SqlDataAdapter da=new SqlDataAdapter();
    //SqlCommand cmd=new SqlCommand ("select stu_id,stu_name from ss",cn);
    //da.SelectCommand=cmd;

    //创建数据集对象 ds
    DataSet ds=new DataSet();
    //使用 da 填充 ds
    da.Fill(ds);
    //将数据集的表与 dataGridView1 绑定
    dataGridView1.DataSource=ds.Tables [0];
}
```

图 7.7 填充数据集

在代码中，用//注释掉的内容与语句"SqlDataAdapter da = new SqlDataAdapter ("select stu_id,stu_name from ss", cn);"的作用是等价的，读者可以根据自己的爱好选择一种即可。在数据填充及更新的过程中，均可以执行存储过程，只须将 command 对象中的 SQL 语句换成存储过程名，并且设置 CommandType 即可，当然如果存在参数，还须设置 Parameters。

DataSet 是数据在本地的一个缓存，在存储数据时，可能会用到 2 个或多个表来存储数据，当存在多个表时，如何进行数据的填充呢？这个时候需要多个数据适配器，分别填充数据集里面的多个表。

还有一点需要注意,从例 7-9 中可以看出,在执行填充方法之前,并没有对连接对象执行 Open()方法,这是因为无论是执行 Fill()方法填充数据,还是执行后面要介绍到的 Update()方法来更新数据,都可以根据情况执行数据库的打开和关闭。当连接的状态为打开时,执行方法时的连接状态不变;当连接的状态为关闭时,执行方法时会自动打开连接;当执行完填充或更新时,连接状态被恢复为关闭状态。但是,当执行多个数据表的填充时,应该显式调用 Open()方法来打开连接,以避免多次打开和关闭到数据库的连接所造成性能下降。另外,当调用 Close()方法后,仍然可以使用 DataSet 中的数据,这就是非连接环境的一个优势。

7.4.2 更新 DataSet

数据集不保留有关它所包含的数据来源的任何信息,因此对数据集中的行所做的更改也不会自动传回数据源,必须用数据适配器的 Update()方法来将数据集所做的更改更新回数据库。在执行更新时,数据适配器会根据实际情况,自动调用 InsertCommand、DeleteCommand、UpdateCommand 中的一种或多种属性。若为插入,则执行 InsertCommand,以此类推。Update()方法也有很多重载形式:Update(DataSet)、Update(DataRows)、Update(DataTable)等。

【例 7-10】 在非连接环境下,向学生表中添加一条记录,界面如图 7.8 所示。

图 7.8 更新数据集

程序代码如下。

```
private void button1_Click(object sender, EventArgs e)
{
    //创建连接对象并设置连接字符串属性
    SqlConnection cn=new SqlConnection();
    cn.ConnectionString="data source=.;initial catalog=student;integrated security=true;";
    //创建数据适配器对象 da
    SqlDataAdapter da=new SqlDataAdapter("select stu_id,stu_name from ss", cn);
    //创建数据集对象 ds
    DataSet ds=new DataSet();
    //创建命令生成器对象 cb
    SqlCommandBuilder cb=new SqlCommandBuilder(da);
    //使用 da 填充 ds
```

```
    da.Fill(ds, "ss");
    //向数据集的表中添加一个与表 ss 有相同结构的新行
    DataRow dr=ds.Tables["ss"].NewRow();
    //为该行的各个字段赋值
    dr["stu_id"]=textBox1.Text;
    dr["stu_name"]=textBox2.Text;
    //将创建的新行添加至表的行集合中
    ds.Tables["ss"].Rows.Add(dr);
    //使用 da 将所做的修改更新回数据源
    da.Update(ds, "ss");
    MessageBox.Show("插入数据成功");
}
```

从例 7-10 中可以看出,并没有任何与 InsertCommand 相关的信息,那么数据适配器在执行 Update()方法时又是如何执行的呢?当执行语句"SqlCommandBuilder cb＝new SqlCommandBuilder(da);"时,会根据数据适配器的 SelectCommand 自动生成相应的 InsertCommand、DeleteCommand 和 UpdateCommand 属性,这样就不用手工写代码了。但是在自动生成时有一点需要注意,即数据库中相应的表中必须有主键,否则在执行修改和删除操作的时候会出现问题。如何通过编写代码直接设置 InsertCommand、DeleteCommand 和 UpdateCommand 的属性值,感兴趣的读者可以查询相关 ADO.NET 的书籍。

执行修改和删除操作是一个道理。如果想删除数据集表中的第 3 条记录,则首先须获取第 3 条记录,再调用 Delete()方法,即可从数据表中删除该行,代码如下。

```
DataRow dr=ds.Tables["ss"].Rows[2];
dr.Delete();
```

本章小结

本章介绍了如何使用 ADO.NET 对数据库进行操作。ADO.NET 中主要包含 5 个对象:Connection、Command、DataReader、DataAdapter 及 DataSet,通过这 5 个对象的使用,可以实现在连接环境和非连接环境下对数据库的插入、修改、删除及查询等操作。

习题

一、选择题

1. 下面不属于非连接环境的对象是(　　)。
   A. DataSet　　　B. DataTable　　　C. DataAdapter　　　D. DataRow
2. 在 ADO.NET 模型中,不属于 Connected 对象的是(　　)。
   A. Connection　　B. DataAdapter　　C. DataReader　　D. DataSet
3. 为了在程序中使用 SQL Server 数据提供程序,应在程序中添加(　　)命名空间。

A. System.Data.SqlClient   B. System.Data.OleDb
C. System.Data.Odbc   D. System.sql

4. 连接字符串是在连接数据源时必须提供的连接信息,在连接到 SQL Server 2008 数据库时,Data Source 所代表的含义是( )。

A. 数据库的名称   B. 服务器名称   C. 用户名   D. 驱动程序名称

5. 当连接到 Access 数据库时,Provider 属性值应该设置为( )。

A. Access   B. Microsoft.Jet.OLEDB.4.0
C. MSDAORA   D. SQLOLEDB

6. 为创建在 SQL Server 2008 中执行 SELECT 语句的 Command 对象,可先建立到 SQL Server 2008 数据库的连接,然后使用连接对象的( )方法创建 SqlCommand 对象。

A. Open()   B. OpenSQL()
C. CreateCommand()   D. CreateSQL()

7. 创建命令对象时,不属于 CommandType 枚举值的是( )。

A. StoredProcedure   B. Text
C. TableDirect   D. Table

8. 若想从数据库中查询到 student 表和 course 表中的所有信息并显示出来,则应该调用命令对象的( )方法。

A. ExecuteScalar()   B. ExecuteNonQuery()
C. ExecuteReader()   D. ExecuteXmlReader()

9. Command 对象 cmd 将被用来执行以下 SQL 语句,以向数据源中插入新记录:

insert into Customers values(1000,"tom")

请问,方法 cmd.ExecuteNonQuery()的返回值可能为( )。

A. 0   B. 1   C. 1000   D. "tom"

10. 以下关于 DataSet 特性的描述中,不正确的是( )。

A. 可以认为 DataSet 对象是包含多个 DataTable 的容器
B. 存储在 DataSet 对象中的数据是与数据库断开连接的
C. 可以用 GetChange()将 DataSet 中已更改的行返回到中间服务器
D. 允许从文件或内存的某个区域中读写 DataSet,但只能保存 DataSet 对象的内容

11. 不是非连接环境的优点的是( )。

A. 可以在任何时间方便地工作,也可以随时连接数据源来处理请求
B. 其他用户也可以使用该连接
C. 提高了应用程序的可缩放性和性能
D. 不会发生更改冲突

12. 在 ADO.NET 编程中,( )使用一个 DataAdapter 对象向多个 DataTable 填充数据。

A. 可以　　　　　B. 不可以

二、填空题

1. _____是断开式结构的核心组件。
2. .NET 框架数据提供程序包含 Connection、Command、_____及 DataAdapter 四个对象。
3. ADO.NET 对象模型包含_____和_____两部分。
4. 已知两个表的关联名称为 StudentScore，rowStudent 为一个 DataRow 对象，则 rowStudent.GetChildRows("StudentScore")的功能是_____。
5. 若想在数据表中创建一个计算列，应设置数据列的_____属性。
6. DataAdapter 对象使用与_____属性关联的 Command 对象将 DataSet 修改的数据保存入数据源。
7. 填充数据集应调用数据适配器的_____方法，更新数据集应调用数据适配器的_____方法。

三、简答题

1. 简述 ADO.NET 对象模型中各个对象的含义。
2. 如何打开和关闭连接？显式打开和关闭有什么优点？
3. 数据库连接对象的 Close()方法和 Dispose()方法有什么区别？
4. DataReader 对象有什么作用？如何获取 DataReader 对象的数据？
5. 命令对象的三个方法有什么区别？
6. 数据行的 Delete()方法和 Remove()方法有什么区别？
7. 如何使用数据适配器来填充数据及更新数据？

四、编程题

1. 求数据表中 score 列的平均成绩并显示。
2. 删除数据表中指定列的信息。
3. 使用数据适配器填充数据及更新数据源。

实验

一、实验目的

综合运用所学 ADO.NET 的知识，熟练掌握 Connection、Command、DataReader、DataAdapter 及 DataSet 对象的使用。

二、实验内容

设计一个简单的管理信息系统，能够运用 ADO.NET 中的 5 个对象实现对数据的插入、修改、删除及查询功能。

第 8 章 图书借阅管理系统的窗体设计与功能实现

8.1 登录窗体

在第 5 章中创建了 UI 层的第一个窗体,即本项目的第一个窗体——登录窗体,以实现用户登录功能。界面设计及运行效果如图 8.1 所示。

图 8.1 登录界面运行效果图

1. 登录界面设计

登录界面由 4 个 Label 控件、3 个 TextBox 控件、2 个 RadioButton 控件和 1 个 Button 按钮组成,设计界面如图 8.2 所示。

其中,4 个 Label 控件的 Text 属性分别设置为:"用户名""密码""验证码"和 label4;2 个 RadioButton 控件的 Text 属性分别设置为:"管理员"和"其他",并将 radioButton1(管理员控件)的 Check 属性设置为 True,代表默认选择管理员登录;1 个 Button 按钮的 Text 属性设置为"登录"。可以通过编写代码来设置控件的属性,也可以直接使用"属性"窗格来设置,此时设置的任何属性都会作为每次应用程序运行的初始设置。"登录"按钮的 Text 属性设置如图 8.3 所示,其他控件的 Text 属性设置类似,不再给出。

图 8.2 登录界面设计

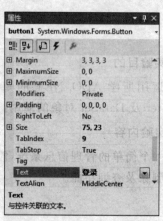

图 8.3 "登录"按钮的 Text 属性

(1) 如果"属性"窗格没有打开,则在菜单中选择"视图"→"属性窗口"命令将其打开。

(2) 在设计视图中,单击想要设置其属性的窗体,窗体的名称出现在"属性"窗格顶部的"对象"列表中。

(3) 在"属性"窗格中,通过单击"按字母顺序"或"按分类顺序"按钮,根据个人的习惯,选择窗体属性的排列方式。

(4) 在"属性"窗格中,单击想要设置的属性,此时,属性的描述便出现在"属性"窗格底部。

(5) 输入或者选择属性值。

2. 自动生成随机验证码功能

运行程序后,首先看到的是登录窗体,需要在看到窗体时,随机验证码已经存在,这个功能有两个事件可以触发:一个是窗体的 Load 事件(窗体的默认事件),即用户加载窗体时发生;另一个是窗体类的构造方法,原因是构造方法是在实例化对象时自动调用的。

下面给出在窗体的 Load 事件中生成随机验证码的代码。

```
private void 登录_Load(object sender, EventArgs e)
{
    Random r=new Random();                          //Random()为随机函数类
    label4.Text=r.Next(1000,9999).ToString();   //随机生成 1000~9999 中的数字
}
```

此窗体的构造方法是系统自动生存的,如下所示。将上面的两行代码添加到语句"InitializeComponent();"下方也即可完成生成随机验证码功能。

```
public 登录()
{
    InitializeComponent();                         //.NET 平台自动生成的,用来初始化窗体等
}
```

3. "登录"按钮功能实现

若用户输入的用户名和密码存在(默认为管理员),即验证输入的数据是数据库中 Users 表中的数据,且输入的验证码正确的情况下,登录成功,进入主窗体。

此时,需要连接到数据库,步骤如下。

(1) 修改应用程序配置文件。在"解决方案资源管理器"窗格中,双击打开 UI 层的配置文件(App.config),如图 8.4 所示。

应用程序配置文件(App.config)是标准的 XML 文件。XML 标记和属性是区分大小写的,可以按需更改,开发人员可以使用配置文件来更改设置,而不必重编译应用程序。配置文件的根节点是 configuration。本系统中主要用来保存连接字符串,即告诉系统要连接哪个数据库。

图 8.4 双击 App.config 文件

修改后的 App.config 文件代码如下。

```xml
<?xml version="1.0" encoding="utf-8" ?>
<configuration>
  <connectionStrings>
    <add name="Connstr" connectionString="Data Source=.;
        Initial Catalog=BookManager; Integrated Security=SSPI"/>
  </connectionStrings>
</configuration>
```

其中，Data Source 代表数据库的位置和文件，这里的"."代表本机，也可以改为(local)或 IP 地址；Initial Catalog 代表数据库的名称，这里使用的是第 1 章创建的数据库 BookManager；Integrated Security 代表集成安全性，当该值为真时，数据源使用当前身份验证的 Microsoft Windows 账户凭据，该值的取值可为 true/false、yes/no 以及 SSPI（与 true 等价，推荐使用）。

（2）下载一个 SqlHelper 类，并将其添加在 DAL 类库中。在"解决方案资源管理器"窗格中，右击 DAL 层，在弹出的快捷菜单中选择"添加"→"现有项"命令，选择 SqlHelper.cs 文件，添加到 DAL 类库中，如图 8.5 所示。

SqlHelper 是一个基于 .NET 框架的数据库操作组件。组件中包含数据库操作方法，目前 SqlHelper 有很多版本，主要的是微软一开始发布的 SqlHelper 类，后来包含在 Enterprise Library 开源包中了。还有一个主要版本是 dbhelper.org 开源的 SqlHelper 组件，其优点是简洁、高性能，不仅仅支持 SQL Server，同时支持 SQL Server、Oracle、Access、MySQL 数据库，也是一个开源项目，提供免费下载。

SqlHelper 用于简化那些重复的关于数据库连接（SqlConnection）和数据库命令（SqlCommand）等。

图 8.5　选择 SqlHelper.cs 文件

SqlHelper 封装过后通常是只需要给方法传入一些参数如数据库连接字符串、SQL 参数等，就可以访问数据库。

SqlHelper 类通过一组静态方法来封装数据访问功能。该类不能被继承或实例化，因此将其声明为包含专用构造方法的不可继承类。在 SqlHelper 类中实现的每种方法都提供了一组一致的重载。这提供了一种很好的使用 SqlHelper 类来执行命令的模式，同时为开发人员选择访问数据的方式提供了必要的灵活性。每种方法的重载都支持不同的方法参数，因此开发人员可以确定传递连接、事务和参数信息的方式。

（3）在 DAL 中添加引用文件 System.Configuraion.dll，如图 8.6 所示。

（4）在页面"登录.cs"中添加如下命名空间。

```
using DAL;
```

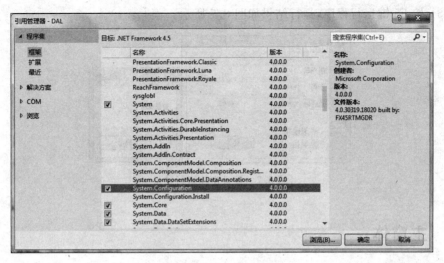

图 8.6 添加 System.Configuration

using System.Data.SqlClient;

"登录"按钮的 Click 事件代码如下。

```
private void button1_Click(object sender, EventArgs e)
{
    int role;                              //用户角色
    if(textBox3.Text==label4.Text)
    {
        if (radioButton1.Checked)   role=0;     //role=0 为管理员
        else   role=1;                          //role=1 为其他
        SqlParameter[] p={
                    new SqlParameter("@UserName",textBox1.Text),
                    new SqlParameter("@PassWord",textBox2.Text),
                    new SqlParameter("@Role",role)
                };
        SqlDataReader dr=SqlHelper.ExecuteReader(CommandType.Text, "select *
        from Users where UserName=@UserName and PassWord=@PassWord and Role=@
        Role", p);
        if (dr.Read())
        {
            MessageBox.Show("登录成功!");
        }
    }
    else
    {MessageBox.Show("验证码错误");  }
}
```

(5) 按 F5 键运行程序,运行结果如图 8.7 所示。

图 8.7　登录窗体运行结果

8.2　主窗体

登录成功后进入主窗体,界面设计及运行效果如图 8.8 所示。

图 8.8　主窗体运行效果

1. MenuStrip 控件

在 Windows 应用程序中,菜单是一种常用的用户界面,是提供应用程序功能和重要信息的一种重要方法,可以按照常用主题组织菜单命令。出现在应用程序界面上方边缘的菜单,通常称为应用程序的主菜单或菜单栏,使用 MenuStrip 控件创建。

本项目的主窗体界面上方包含 1 个 MenuStrip 控件,创建步骤如下。

(1) 在 UI 层添加第二个窗体——主窗体。

(2) 把 MenuStrip 控件从工具箱拖放到窗体中,MenuStrip 控件将自动添加到窗体的上部边缘,并在窗体下方的区域内显示代表菜单的图标。

初始化菜单包含一个标注为"请在此处键入"的文本框,单击该文本框,然后输入菜单项文本,可以创建一个顶级菜单项。此时,有两个文本框都标注为"请在此处键入":一个位于顶层菜单,用于创建顶层菜单项;另一个位于刚创建的顶层菜单项下方,用于创建该菜单项的子菜单项,如图 8.9 所示。根据需要创建所有需要的菜单项,如图 8.10～图 8.12 所示。

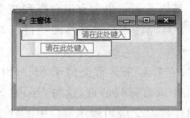

图 8.9　添加菜单

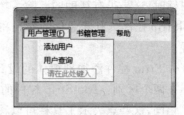

图 8.10　添加了多个菜单项后的菜单(1)

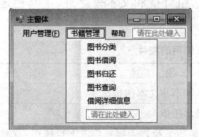

图 8.11　添加了多个菜单项后的菜单(2)

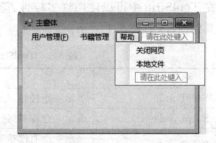

图 8.12　添加了多个菜单项后的菜单(3)

注意:如果需要为菜单项添加快捷键,则需要在字母前面添加"&"符号。例如,若需要按 Alt+F 键来打开"用户管理"菜单,则应该输入"用户管理(&F)"。

如果要输入菜单分隔符,则选择"插入"→Seperator 命令或在该菜单项中输入"—"符号。

(3)"用户管理"和"书籍管理"两个菜单下的所有子菜单项,都是用来调用其他子窗体的。为了测试,在 UI 层添加一个空窗体——添加用户,这里仅给出"添加用户"子菜单项中的代码,其他子菜单项请自行添加代码。

```
private void 添加用户 ToolStripMenuItem_Click(object sender, EventArgs e)
{
    添加用户 c=new 添加用户();              //创建"添加用户"窗体类的实例 c
    c.Show();                              //显示窗体实例 c
}
```

上面代码中的"添加用户"代表子窗体"添加用户",此子窗体的设计和实现会在后续子项目中介绍。

(4)编译并运行程序。选择"用户管理"→"添加用户"命令,可以看到"添加用户"空窗体出现。

2. ToolStrip 控件

ToolStrip 控件(工具栏)是和 MenuStrip 控件类似的控件,因为 MenuStrip 控件直接继承自 ToolStrip 控件，也就是说，ToolStrip 控件可以做的工作 MenuStrip 控件都能完成。显然，使用两个控件一起完成会更好。

ToolStrip 上的按钮通常仅包含一个图标，但也可以既包含图片又包含文本，如果把鼠标指针停留在工具栏的一个按钮上，就会显示一个工具提示，给出该按钮的用途信息，只显示图标时，这是很有帮助的。除了按钮之外，工具栏上偶尔也会有组合框和文本框。

ToolStrip 控件具有专业化的外观和操作方式，并且允许用户将其移动到自己希望的任意位置。

把 ToolStrip 控件添加到窗体的设计界面上时，它看起来非常类似于 MenuStrip 控件。但存在两个区别：ToolStrip 控件的最左边有 4 个垂直排列的点，这与 Visual Studio 中的菜单相同，这些点表示工具栏可以移动，也可以停靠在父应用程序窗口中。默认情况下，工具栏中显示的是图像，而不是文本，所以工具栏中项的默认控件是按钮。

在 ToolStrip 中可以使用许多控件，除了按钮、组合框和文本框之外，工具栏还可以包含其他控件，如表 8.1 所示。

表 8.1　ToolStrip 中可以使用的控件

名称	描述
ToolStripButton	表示一个按钮，用于带文本和不带文本的按钮
ToolStripLabel	表示一个标签，还可用来显示图像
ToolStripSplitButton	显示一个右端带有下拉按钮的下拉列表框。单击下拉按钮，就会在下面显示一个列表
ToolStripDropDownButton	类似于 ToolStripSplitButton，但是去除了下拉按钮
ToolStripComboBox	显示一个组合框
ToolStripProgressBar	在工具栏中嵌入一个进度条
ToolStripTextBox	显示一个文本框
ToolStripSeperator	创建水平或垂直分隔符

本项目主窗体界面的 MenuStrip 控件下方包含 1 个 ToolStrip 控件，创建步骤如下。

（1）把 ToolStrip 控件从工具箱拖放到窗体中，ToolStrip 控件将自动添加到窗体的 MenuStrip 控件下方，并将在窗体下方的一个区域内显示一个代表工具栏的图标。

（2）右击 ToolStrip 控件，在弹出的快捷菜单中选择"插入标准项"命令，如图 8.13 所示，系统会自动在 ToolStrip 控件上添加 10 个子控件，如图 8.14 所示。可以根据自己的需要增加、删除子控件或者改变子控件的位置。另外，这些子控件目前都是没有实际功能的，需要自己添加处理程序。

（3）对 ToolStrip 控件的标准项进行编辑，添加两个子控件 ToolStripComboBox 和

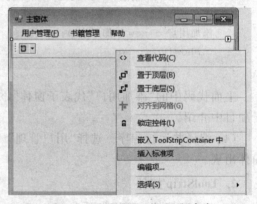

图 8.13　选择"插入标准项"命令

ToolStripButton。其中,将 ToolStripComboBox 子控件的 Name 属性设置为"输入网址 ToolStripComboBox",Text 属性设置为 http://www.situ.edu.cn/,Size 属性修改为"180,25";将 ToolStripButton 子控件的 DisplayStyle 属性设置为 Text,Name 属性改为"关闭网页 ToolStripButton",Text 属性设置为"关闭网页",如图 8.15 所示。

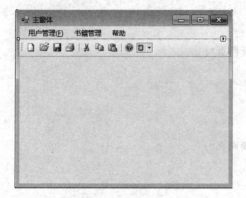

图 8.14　添加了标准项的 ToolStrip 控件

图 8.15　修改后的 ToolStrip 控件

（4）从工具箱中将一个 WebBrowser 控件拖放到窗体中,WebBrowser 控件将自动添加到窗体的 ToolStrip 控件下方。

系统在正常运行过程中,如果用户想在网上查询某些资料,可以利用页面浏览器控件 WebBrowser 在 Windows 窗体应用程序中显示网页,而不必另外再打开其他浏览器。WebBrowser 控件包含多种可以用来实现 Internet Explorer 功能的属性、方法和事件。例如 Url 属性用于设置控件浏览的页面地址;GoBack()、GoForward()、Stop()和 Refresh()方法分别实现 IE 工具栏中的后退、前进、停止和刷新功能。

为 WebBrowser 控件的 Url 属性设置一个初始值,比如输入 http://www.situ.edu.cn,这样 WebBrowser 控件可用时,就出现默认网页,如图 8.16 所示。

图 8.16　显示网页

单击工具栏中的"关闭网页"按钮可以将网页关闭,同时"关闭网页"变为"打开网页",相关代码如下。

```csharp
private void 关闭网页toolStripButton_Click(object sender, EventArgs e)
{
    if (webBrowser1.Visible==true)
    {
        关闭网页toolStripButton.Text="打开网页";
        webBrowser1.Visible=false;
    }
    else
    {
        关闭网页toolStripButton.Text="关闭网页";
        webBrowser1.Visible=true;
    }
}
```

还可以在子控件 toolStripComboBox 中输入其他网址,以跳转到相应网页,相关代码如下。

```csharp
private void 输入网址toolStripComboBox_KeyDown(object sender, KeyEventArgs e)
{
    if (e.KeyCode==Keys.Enter)                    //是否为 Enter 键
        //修改 Navigate 属性
        this.webBrowser1.Navigate(输入网址toolStripComboBox.Text);
}
```

WebBrowser 控件除了可以打开网页外,还可以使用 WebBrowser 控件,打开 Office 文档。在主菜单中,选择"帮助"→"本地文件"命令,即可完成此项功能。这里还使用到了 OpenFileDialog 控件,用来选择本地文件,相关代码如下。

```csharp
private void 本地文件ToolStripMenuItem_Click(object sender, EventArgs e)
{
    //设置"打开"对话框的筛选属性
    this.openFileDialog1.Filter="所有office文件|*.doc;*.xls;*.ppt|所有文件|*.*";
    if (this.openFileDialog1.ShowDialog()==DialogResult.OK)
    {
        //获取openFileDialog控件选择到的文件名称
        string MyFileName=openFileDialog1.FileName;
        //在上面的文本框中显示文件名称
        this.输入网址toolStripComboBox.Text=MyFileName;
        //在 WebBrowser 控件中显示文件内容
        this.webBrowser1.Navigate(MyFileName);
```

            }
    }

3. StatusStrip 控件

StatusStrip(状态栏)控件是一种文本类控件,位于父窗口底部,应用程序可在该区域中显示各种状态信息。StatusStrip 控件可以分成几部分以显示多种类型的信息。例如,状态栏面板用于显示指示状态的文本或者图标,动画图标(如 Microsoft Word 中指示正在保存文档)用于显示某些进程正在执行。

StatusStrip 控件继承自 ToolStrip,在 StatusStrip 控件中可以使用 ToolStripDownButton、ToolStripProgressBar、ToolStripSplitButton 和 StatusStripStatusLabel。其中 StatusStripStatusLabel 是 StatusStrip 控件专用的,也是一个默认的项目。

StatusStripStatusLabel 控件使用文本和图像给用户显示应用程序当前状态的信息,非常简单,没有太多属性。

本项目的主窗体界面下方包含 1 个 StatusStrip 控件,创建步骤如下。

(1) 把 StatusStrip 控件从工具箱拖放到窗体中,StatusStrip 控件将自动添加到窗体的下方,并在窗体下方的一个区域内显示一个代表状态栏的图标。

(2) 在 StatusStrip 控件上添加一个子控件 toolStripStatusLabel1。当主窗体出现时,显示当前系统的时间。

(3) 在主窗体的 Load 事件处理程序中添加如下代码。

```
private void 主窗体_Load(object sender, EventArgs e)
{
    toolStripStatusLabel1.Text="你好!"+",今天是:"+DateTime.Now.ToString();
}
```

8.2.1 窗体间传值

当主窗体出现时,在 toolStripStatusLabel1 控件上显示了当前系统的时间。如果希望能在显示时间的同时也显示登录此系统的用户名,可借助于窗体间的传值功能。

窗体间传值的前提是,要传递的字段在类中的访问修饰符为 public。

常用方法如下。

(1) 在窗体 Form1 中,定义一个静态变量 A,可以给其赋值,那么在这个项目中,就可以通过 Form1.A 来调用。这种方法的优点是传值是双向的,实现简单;缺点是不太安全。

(2) 通过 Form2 类的构造方法传递,这种传值较为安全,实现简单,但是传值是单向的,不可以互相传值。例如,在窗体 Form2 中定义变量 int value1,在 Form2 的构造方法中加入如下代码。

```
public Form2 ( int value1 )
{
```

```
        InitializeComponent ();
        this.value1=value1;
    }
```

在窗体 Form1 中调用 new Form2(111).Show(),这样就把 111 这个值传送给了窗体 Form2。

在本项目中,采用此方法。希望把登录窗体中的用户名传递到主窗体中,步骤如下。

① 修改主窗体的构造方法,代码如下。

```
public partial class 主窗体 : Form
{
    string user;
    public 主窗体(string use)
    {
        user=use;
        InitializeComponent();
    }
    ...
}
```

② 修改登录窗体中"登录"按钮中的事件处理程序,代码如下。

```
private void button1_Click(object sender, EventArgs e)
{
    ...
    if (dr.Read())
    {
        //MessageBox.Show("登录成功!");
        主窗体 m=new 主窗体(textBox1.Text);
        this.Hide();
        m.Show();
    }
    ...
}
```

③ 修改主窗体的 Load 事件处理程序,在 toolStripStatusLabel1 控件上显示登录用户的姓名,代码如下。

```
private void 主窗体_Load(object sender, EventArgs e)
{
    toolStripStatusLabel1.Text="你好:"+user+"!"
        +", 今天是:"+DateTime.Now.ToString();
}
```

④ 运行程序,结果如图 8.17 所示。

(3) 通过窗体的公有属性传值,特点是实现较为简单。在窗体 Form2 中定义一个公

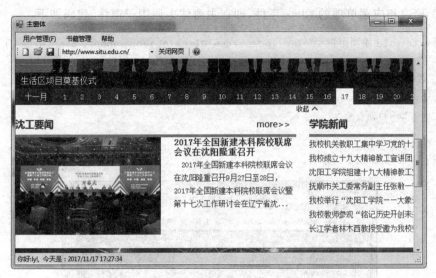

图 8.17 窗体传值效果

有属性,可以在窗体 Form1 中实例化 Form2 并调用此属性。

(4) 通过窗体的公有属性值和 Owner 属性传值,特点是实现简单,并且能在目标窗体的对象中找到源窗体的对象。

(5) 窗体间同步传值是指实时更新两个窗体的信息,有心的读者可能发现,既然能在目标窗体中找到源窗体,那么还可以通过源窗体来控制目标窗体,从这里面突破,就能达到此效果了。

8.2.2 多文档界面设计

当创建基于 Windows 的应用程序时,可以为用户选择不同的界面样式。应用程序有单文档界面(Single-Document Interface,SDI)、多文档界面(Multiple-Document Interface,MDI)或 Web 样式的界面 3 种主要的形式。

当创建一个基于 Windows 的应用程序之前,必须为应用程序确定用户界面的样式。顾名思义,单文档界面(SDI)应用程序在某一时刻仅能支持一个活动文档,在打开另一个文档之前必须先关闭当前文档;而多文档界面(MDI)应用程序可以同时支持多个活动文档,每一个文档在其自己的窗口中显示。

1. 创建多文档界面应用程序

在创建多文档界面应用程序时,有 3 个主要的步骤:创建父窗体、创建子窗体和从父窗体调用子窗体。多文档界面应用程序中的父窗体是包含多文档界面子窗体的窗体。在多文档界面应用程序中,子窗体用来与用户进行交互。

(1) 本项目中的主窗体即为父窗体,之前添加的空窗体"添加用户"是子窗体。

(2) 修改父窗体属性。将 IsMDIContainer 设置为 True;通过 Icon 属性选择合适的窗体图标;通过将 WindowState 属性设置为 Maximized 可以在启动时使窗体最大化,易于操作。

(3) 修改相应菜单项的 Click 事件,即在主窗体中调用子窗体,代码如下。

```
private void 添加用户ToolStripMenuItem_Click(object sender, EventArgs e)
{
    添加用户 c=new 添加用户();
    c.MdiParent=this;                    //设置c的父窗体为当前窗体
    c.Show();
}
```

运行结果如图 8.18 所示。

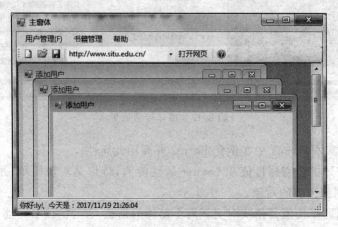

图 8.18 多文档界面应用程序

2. 排列各个子窗体

应用程序常包含对打开的 MDI 子窗体进行操作的菜单命令,如"水平平铺""垂直平铺""层叠"和"排列"。可以通过使用 LayoutMdi 方法和 MdiLayout 枚举来重新排列 MDI 父窗体中的子窗体。

LayoutMdi 方法有 4 个 MdiLayout 枚举值,如表 8.2 所示。

表 8.2 MdiLayout 枚举值

成 员 名	说 明
ArrangeIcons	所有 MDI 子图标均排列在 MDI 父窗体的工作区内
Cascade	所有 MDI 子窗体均层叠在 MDI 父窗体的工作区内
TileHorizontal	所有 MDI 子窗体均水平平铺在 MDI 父窗体的工作区内
TileVertical	所有 MDI 子窗体均垂直平铺在 MDI 父窗体的工作区内

在相应菜单的 Click 事件中添加如下代码。

```
//子窗体以水平平铺方式显示,其他3个成员调用方法与此类似
this.LayoutMdi(MdiLayout.TileHorizontal);
```

运行结果如图 8.19 所示。

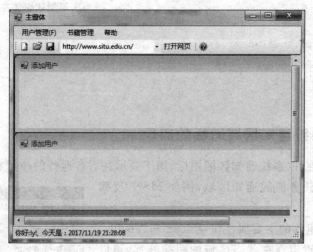

图 8.19 排列子窗体

8.2.3 背景中的文字左右滚动

Timer 控件（计时器）可以定期引发事件。Timer 控件的主要属性是 Interval，该属性用于定义时间间隔的长度，其值以毫秒为单位。如果启用了该组件，则每隔 Interval 的时间将引发一个 Tick 事件，程序员可以在该事件的处理函数中添加要执行的代码。Timer 控件的两个主要方法是 Start()和 Stop()，分别用于启动和关闭计时器。

文字滚动动态效果主要是利用 Timer 控件本身具有定期引发事件的功能。timer1 控件负责向右移动文字，timer2 控件负责向左移动文字，即让显示文字的 label 控件的横坐标值随着时间变化不断增加或减少（坐标值增加，即向右移动；坐标值减少，即向左移动）。初始状态时，timer1 控件的 Enable 属性需要设置为 true，而 timer2 控件的 Enable 属性需要设置为 false，即初始时，文字向右移动。主要实现代码如下。

```
Point p=new Point(0,60);                         //label1 的初始坐标
private void timer1_Tick(object sender, EventArgs e)
{
    label1.Location=p;
    p.X+=2;                                      //label1 的横坐标值增加,即文字向右移动
    if(p.X>=(this.Width-label1.Width))           //当文字到达窗体右侧时,停止向右移动
    {
        timer1.Enabled=false;
        timer2.Enabled=true;
    }
}
private void timer2_Tick(object sender, EventArgs e)
{
    label1.Location=p;
    p.X-=2;                                      //label1 的横坐标值减少,即文字向左移动
```

```
if(p.X==0)                          //当文字到达窗体左侧时,停止向左移动
{
    timer1.Enabled=true;
    timer2.Enabled=false;
}
}
```

8.2.4 系统通知区域图标的实现

NotifyIcon 控件(系统通知区域图标)用于显示在后台运行的应用程序的图标。这个图标通常显示在任务栏的通知区域,例如 MSN、反病毒程序等。

NotifyIcon 组件的主要属性包括 Icon 和 Visible。Icon 属性用于设置出现在状态区域的图标外观,可以导入一个 ICO 文件。只有在 Visible 属性设置为 true 时,图标才会出现。

下面为主窗体添加一个通知区域图标,并且可以将窗体最小化到通知区域,用户可以双击通知区域中的图标来打开主窗体。

导入一个图标文件 Icon1.ico,并将它设置为 NotifyIcon 的 Icon 属性。将 NotifyIcon 的 Text 属性修改为"图书借阅管理系统",如图 8.20 所示。

图 8.20　NotifyIcon 控件的属性设置

添加 NotifyIcon 的双击事件和窗体的 Resize 事件,代码如下。

```
private void notifyIcon1_MouseDoubleClick(object sender, MouseEventArgs e)
{
    this.Show();
    //恢复窗体
    if (this.WindowState==FormWindowState.Minimized)
        this.WindowState=FormWindowState.Normal;
    //激活窗体
    this.Activate();
}
private void 主窗体_Resize(object sender, EventArgs e)
{
    //当最小化窗体时,隐藏窗体
    if(this.WindowState==FormWindowState.Minimized)
        this.Hide();
}
```

这样就实现了将主窗体最小化到通知区域中,双击通知区域中的图标打开主窗体的功能。运行程序后,最小化主窗体,通知区域中有一个图标显示出来,如图 8.21 所示。

图 8.21　系统通知区域图标的实现

8.3　用户管理

选择主窗体的"用户管理"→"添加用户"命令,会出现相应子窗体。运行效果如图 8.22 所示。

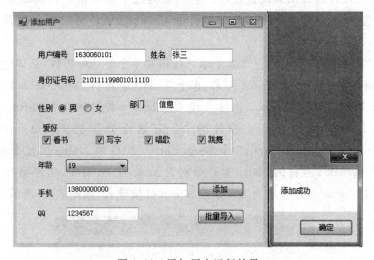

图 8.22　添加用户运行效果

用户详细信息界面用来编辑用户信息,界面设计如图 8.23 所示。

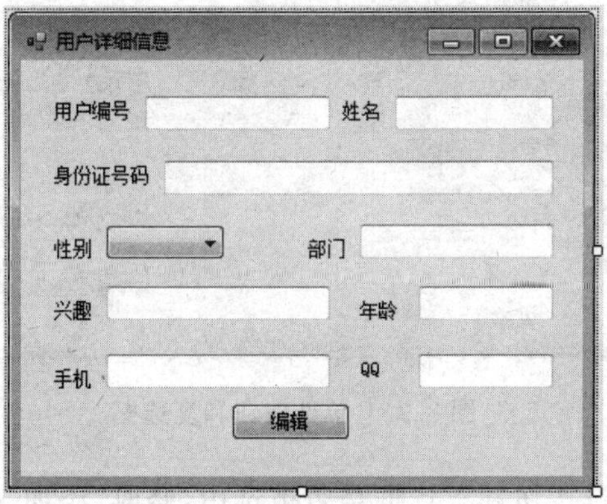

图 8.23　用户详细信息界面设计

子窗体"删除用户"的界面设计请自行完成。

事实上,编辑用户信息和删除用户需要在查询出相应信息之后才能完成。

8.3.1 单选按钮和复选框的使用

RadioButton(单选按钮)和 CheckBox(复选框)控件都属于选项类的控件。在与用户进行交互时,为了方便用户输入,程序一般会提供各种不同的选择方式,利用不同的控件来获得数据。

RadioButton 控件是一组提供多选一功能的按钮。它支持选中和不选中两种状态,在文字前用一个可以选中的圆圈来表示。RadioButton 控件的 Checked 属性可以获取和设置 RadioButton 控件的选中状态。通过访问每个 RadioButton 控件的状态就可以得到要显示的字符串。

CheckBox 控件通常用来设置选项。它也支持选中和不选中两种状态,在文字前用一个可以勾选的框来表示。CheckBox 控件的 Checked 属性可以获取和设置 CheckBox 控件的选中状态。

本项目的添加用户界面上包含 2 个单选按钮和 4 个复选框控件,具体创建步骤如下。

(1) 在窗体上添加 8 个 Label 控件、6 个 TextBox 控件、1 个 GroupBox 控件、2 个 RadioButton 控件、4 个 CheckBox 控件、1 个 ComboBox 控件和 2 个 Button 控件,并修改相应属性。其中,6 个 TextBox 控件的 Name 属性分别为 txtuid、txtname、txtiid、txtdepartment、txtphone 和 txtqq;2 个 RadioButton 控件的 Name 属性分别为 rbt 男和 rbt 女;4 个 CheckBox 控件的 Name 属性分别为 cb 看书、cb 写字、cb 唱歌和 cb 跳舞;2 个 Button 控件的 Name 属性分别为 btn 添加和 btn 批量导入,如图 8.24 所示。

图 8.24 单选按钮和复选框

(2) 目前只测试单选按钮和复选框是否被选中,修改"添加"按钮的 Click 事件处理程序,代码如下。

```
private void btn添加_Click(object sender, EventArgs e)
{
```

```
    string sex, interest="";              //sex 表示性别,interest 表示爱好
    if (rbt 男.Checked)                    //判断性别
        sex="男";
    else
        sex="女";
    if (cb 看书.Checked)                   //选择爱好
        interest+="看书、";
    if (cb 写字.Checked)
        interest+="写字、";
    if (cb 唱歌.Checked)
        interest+="唱歌、";
    if (cb 跳舞.Checked)
        interest+="跳舞";
    MessageBox.Show("性别为"+sex+",爱好为："+interest);
}
```

（3）运行程序，性别选择"男"单选按钮，爱好选中"写字""跳舞"复选框，单击"添加"按钮，运行结果如图 8.25 所示。

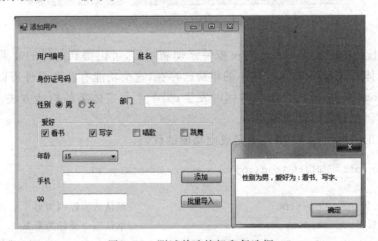

图 8.25 测试单选按钮和复选框

8.3.2 组合列表框的使用

ComboBox 控件（组合列表框）也属于选项类控件。默认情况下，ComboBox 控件分两部分显示：顶部是一个允许用户输入列表项的文本框，第 2 个部分是列表框，它显示用户可以从中进行选择的项的列表。

ComboBox 控件的常用属性为 SelectedIndex，它返回一个整数值，该值与选定的列表项相对应。通过在代码中更改 SelectedIndex 的值，可以编程方式更改选定项；列表中的相应项将出现在组合框的文本框部分。

ComboBox 控件的常用事件为 SelectedIndexChanged，在选中的项发生改变之后触发。

本项目的添加用户界面上包含 1 个组合框控件，用来选择用户年龄，如图 8.25 所示。

下面介绍如何在 ComboBox 中自动生成年龄，也就是在 ComboBox 控件中添加新项目，可以有两种方式。

（1）在 ComboBox 的属性列表中，选择 Items 属性，单击"…"按钮，在打开的"字符串集合编辑器"对话框中添加项目，如图 8.26 所示。

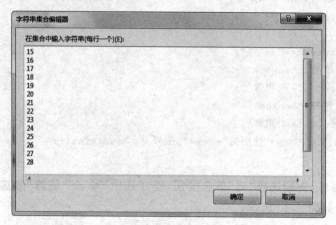

图 8.26　编辑 ComboBox 的项目

（2）以代码的方式为 ComboBox 控件添加新项目，可以得到同样的效果。本项目要求在看到窗体时，ComboBox 控件中的年龄已存在，这个功能有两个事件可以触发：一个是窗体的 Load 事件，即用户加载窗体时发生；另一个是窗体类的构造方法，原因是构造方法是在实例化对象时自动调用的。

下面给出窗体的 Load 事件中完成此功能的代码。

```
private void 添加用户_Load(object sender, EventArgs e)
{
    rbt男.Checked=true;                    //默认选中性别为男
    cb看书.Checked=true;                   //默认选中爱好为看书
    for (int i=15; i<70; i++)              //在 comboBox1 中添加数字 15~70
    {
        //利用 ComboBox 控件的 Items 属性的 Add()方法可向 ComboBox 控件添加一个对象
        comboBox1.Items.Add(i);
    }
    comboBox1.SelectedIndex=0;
}
```

至此，待选年龄添加完毕，默认选第一个值 15，爱好默认选第一个值看书，性别默认选男，运行程序，添加用户运行界面如图 8.27 所示。

8.3.3　补充三层架构内容

用户将添加用户界面中的各项信息输入完成后，可以将输入的各项信息保存到后台

图 8.27 添加用户运行界面

数据库中。想要操作数据库,三层架构中的各层需要有相应的内容,下面介绍如何补充之前搭建的三层架构中的内容。

(1) 在类库 Model 中的 Users 类中添加变量和属性,代码如下。

```
public class Users
{
    private string _userID;
    public string UserID                    //UserID 用户编号
    {
        get { return this._userID; }
        set { this._userID=value; }
    }
    private string _name;
    public string Name                      //Name 用户姓名
    {
        get { return this._name; }
        set { this._name=value; }
    }
    private string _identityID;
    public string IdentityID                //IdentityID 身份证号码
    {
        get { return this._identityID; }
        set { this._identityID=value; }
    }
    private string _sex;
    public string Sex                       //Sex 性别
    {
        get { return this._sex; }
        set { this._sex=value; }
```

```csharp
        }
        private string _department;
        public string Department                    //Department 部门
        {
            get { return this._department; }
            set { this._department=value; }
        }
        private string _interest;
        public string Interest                      //Interest 爱好
        {
            get { return this._interest; }
            set { this._interest=value; }
        }
        private int _age;
        public int Age                              //Age 年龄
        {
            get { return this._age; }
            set { this._age=value; }
        }
        private long _phone;
        public long Phone                           //Phone 手机
        {
            get { return this._phone; }
            set { this._phone=value; }
        }
        private long _qQ;
        public long QQ                              //QQ
        {
            get { return this._qQ; }
            set { this._qQ=value; }
        }
    }
}
```

(2) 在类库 DAL 的 BookManager 类中的添加命名空间和相应的方法,代码如下。

```csharp
using Model;
using System.Data;
using System.Data.SqlClient;

namespace DAL
{
    public class BookManager
    {
        public bool isUser(Users u)                 //判断对象 u 是否存在
        {
```

```csharp
            return SqlHelper.ExecuteReader(CommandType.Text, "select * from tb_
            User where UserID=@UserID", new SqlParameter("@UserID", u.UserID)).
            Read();
        }
        public bool createUser(Users u)              //创建对象u
        {
            string sql="insert into tb_User(UserID,Name,IdentityID,Sex,Department,
                    Interest,Age,Phone,QQ) values (@UserID,@Name,@IdentityID,
                    @Sex,@Department,@Interest,@Age,@Phone,@QQ)";
            SqlParameter[] p={
                            new SqlParameter("@UserID",u.UserID),
                            new SqlParameter("@Name",u.Name),
                            new SqlParameter("@IdentityID",u.IdentityID),
                            new SqlParameter("@Sex",u.Sex),
                            new SqlParameter("@Department",u.Department),
                            new SqlParameter("@Interest",u.Interest),
                            new SqlParameter("@Age",u.Age),
                            new SqlParameter("@Phone",u.Phone),
                            new SqlParameter("@QQ",u.QQ)
                            };
            return SqlHelper.ExecuteNonQuery(CommandType.Text,sql,p)==0 ? false :
            true;
        }
    }
}
```

（3）在类库 BLL 中的 BookManager 类中的添加命名空间和相应的方法，代码如下。

```csharp
using DAL;
using Model;

namespace BLL
{
    public class BookManager
    {
        public bool isUser(Users u)              //调用 DAL 中 BookManager 类的方法
        {
            return new DAL.BookManager().isUser(u);
        }
        public bool createUser(Users u)          //调用 DAL 中 BookManager 类的方法
        {
            return new DAL.BookManager().createUser(u);
        }
    }
}
```

8.3.4 逐条添加用户功能

在输入的用户编号不重复的情况下，单击"添加"按钮，打开一个对话框表示添加用户成功，如图 8.22 所示，代码如下。

```csharp
using Model;
using BLL;
using System.Data.SqlClient;

private void button1_Click(object sender, EventArgs e)
{
    ...
    //MessageBox.Show("性别为"+sex+",爱好为: "+interest);
    Users u=new Users();                                    //实例化类 Users 对象 u
    u.UserID=txtuid.Text;                                   //为对象 u 的各个属性赋值
    u.Name=txtname.Text;
    u.IdentityID=txtiid.Text;
    u.Sex=sex;
    u.Age=Convert.ToInt32(comboBox1.SelectedItem.ToString());
    u.Department=txtdepartment.Text;
    u.Interest=interest;
    u.Phone=Convert.ToInt64(txtphone.Text);
    u.QQ=Convert.ToInt64(txtqq.Text);
    bool dr=new BLL.BookManager().isUser(u);                //判断对象 u 是否存在
    if (!dr)
    {
        bool mes=new BLL.BookManager().createUser(u);
        if (mes)
        {
            MessageBox.Show("添加成功");
            this.Dispose();
        }
        else
        {
            MessageBox.Show("添加失败,请重试");
        }
    }
    else
    {
        MessageBox.Show("用户编号重复!");
    }
}
```

8.3.5 批量添加用户功能

大多数情况下,用户不是逐条添加的,而是由 Excel 表批量导入的。只要 Excel 表中的头部项和数据库中表的字段内容相同,就可以完成批量导入数据功能。

1. 添加命名空间

在"添加用户"窗体的代码页上部添加如下命名空间。

```
using System.Data.OleDb;
```

2. "批量导入"按钮功能实现

当用户想通过 Excel 表把数据导入数据库时,不需要输入任何数据,直接单击"批量导入"按钮即可。导入成功将弹出一个对话框提示批量导入成功,代码如下。

```csharp
private void button2_Click(object sender, EventArgs e)
{
    OpenFileDialog open=new OpenFileDialog();
    if (open.ShowDialog()==DialogResult.OK)
    {
        string uploadPath=open.FileName;              //保存 Excel 文件路径
        string strconn = " Provider = Microsoft. ACE. OLEDB. 12. 0; Data Source = " +
        uploadPath+";Extended Properties='Excel 5.0;HDR=YES;IMEX=1';";
        using (OleDbConnection oleconn=new OleDbConnection(strconn))
        {
            oleconn.Open();
            OleDbDataAdapter oda=null;
            DataSet ds=new DataSet();
            try
            {
                oda=new OleDbDataAdapter("select * from [sheet1$]", oleconn);
                oda.Fill(ds,"sheet1");
                if (ds !=null)
                {
                    Model.Users stu;
                    foreach (DataRow dr in ds.Tables[0].Rows)
                    {
                        stu=new Model.Users();
                        stu.UserID=dr["用户编号"].ToString();
                        stu.Name=dr["姓名"].ToString();
                        stu.IdentityID=dr["身份证号"].ToString();
                        stu.Sex=dr["性别"].ToString();
                        stu.Interest=dr["爱好"].ToString();
                        stu.Department=dr["部门"].ToString();
```

```
                stu.Age=Convert.ToInt32(dr["年龄"].ToString());
                stu.Phone=long.Parse(dr["手机"].ToString());
                stu.QQ=long.Parse(dr["QQ号"].ToString());
                new BLL.BookManager().createUser(stu);
            }
        }
        MessageBox.Show("导入成功");
    }
    catch (Exception ex)
    {MessageBox.Show("导入失败"+ex.Message);}
}
```

注意：第7行中的 Microsoft. ACE. OLEDB. 12. 0 是支持 Office 2007～Office 2010 版本的接口，如果是 Office 97～Office 2003，则需要更改为 Microsoft. Jet. OLEDB. 4. 0。

8.3.6 在数据库中使用触发器

创建触发器 tr1，使管理员向用户信息表（tb_User）中添加记录的同时，也把记录的 UserID 字段添加到登录信息表（Users）中，字段 PassWord 和 UserName 的值相同，Role 设为 1。

触发器 tr1 的代码如下。

```
CREATE TRIGGER tr1
ON   tb_User
For insert
AS
BEGIN
Declare @userid varchar(10)
    Set @userid=(Select UserID from inserted)
    Insert into Users(UserName,PassWord,Role) values(@userid,@userid,'1')
END
```

采用如下语句测试创建的触发器 tr1。

```
Insert into tb_User (UserID,Name,IdentityID,Sex,Department,Interest,Age,Phone,QQ)
         values('11000','张三','210100199401010000','男','信息','看书',18,
         12345,67890)
select * from tb_User
Select * from Users
```

在 SQL Server 的查询编辑器中运行上述语句，执行结果如图 8.28 所示。

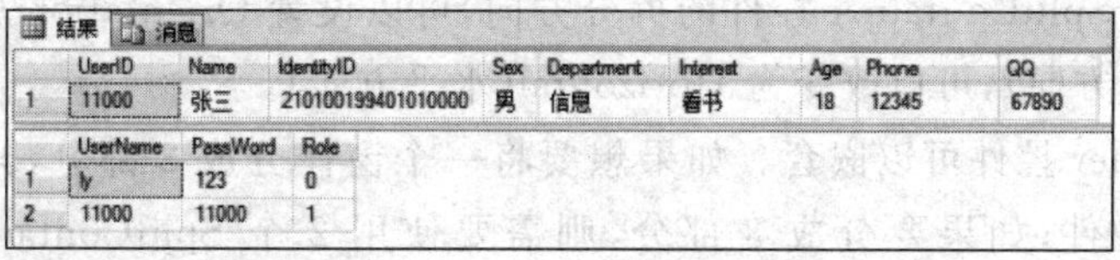

图 8.28 触发器 tr1 的执行结果

8.4 图书分类

选择主窗体菜单的"书籍管理"→"图书分类"命令,会出现相应的子窗体,运行效果如图 8.29 所示。

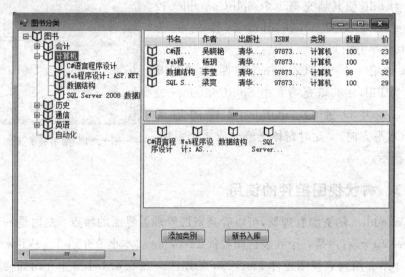

图 8.29 "图书分类"运行效果

"图书分类"子窗体主要包含 4 部分内容。左侧按分类列出了所有图书。当选中一个分类时,会在窗体右侧上方以列表形式显示该分类下的所有图书的详细信息,同时在窗体右侧中间部分以小图标的形式显示该分类下的所有图书名。窗体右侧下方包含两个 Button 按钮,分别用来调用子窗体"添加类别"和"新书入库"。

8.4.1 拆分器控件的使用

SplitContainer 控件(拆分器)是一个含有 Splitter 拆分条的容器,它包含两个面板容器 Panel1 和 Panel2,可以移动拆分条,对面板大小进行控制,如图 8.30 所示。例如,打开 Windows 资源管理器,两边的树状目录和列表的宽度可以通过鼠标拖动拆分条进行调整。

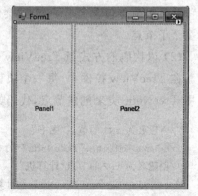

图 8.30 使用 SplitContainer 分隔窗体

如果想改变 SplitContainer 控件的拆分方向,可以设置 Orientation 属性的值。默认为 Vertical(垂直方向),可以改变为 Horizontal(水平方向)。

SplitContainer 控件可以嵌套。如果想要将一个窗体分成 2 部分,只需要使用 1 个 SplitContainer 控件;如果要分成 3 部分,则需要使用 2 个 SplitContainer 控件。以此类推。

在 UI 层添加第 4 个窗体——图书分类。图书分类界面被 3 个 SplitContainer 控件分成了 4 部分,设计步骤如下。

(1) 添加 1 个 SplitContainer 控件,并设置其 Dock 属性为 Fill,使其填充整个窗体。

(2) 添加第 2 个 SplitContainer 控件,并设置其 Dock 属性为 Fill,使其填充第 1 个 SplitContainer 控件的 Panel2,并设置 Orientation 属性的值为 Horizontal(水平方向)。

(3) 添加第 3 个 SplitContainer 控件,并设置其 Dock 属性为 Fill,使其填充第 2 个 SplitContainer 控件的 Panel2,并设置 Orientation 属性的值为 Horizontal(水平方向)。此时窗体已经分成 4 个板块,如图 8.31 所示。

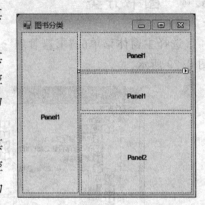

图 8.31 图书分类界面布局

8.4.2 树状视图控件的使用

打开 Windows 的资源管理器,可以看到资源管理器界面的特点:左边是一个树状视图控件 TreeView,右边是一个列表视图控件 ListView。本小节介绍 TreeView 控件的用法,8.4.3 小节介绍列表视图控件 ListView 的用法。在 8.4.4 小节中介绍如何利用这两个控件来编写资源管理器样式的界面。

在树状视图控件 TreeView 中添加节点,有如下两种方式。

(1) 在 TreeView 控件的属性列表中,选择 Nodes 属性,单击"..."按钮,在打开的"TreeNode 编辑器"对话框中,添加项目,如图 8.32 所示。这里添加了 1 个根节点"图书",并且根节点包含 2 个子节点"会计"和"计算机",这两个子节点本身又分别包含 1 个和 2 个子节点。

(2) 以代码的方式为 TreeView 控件添加新项目,可以得到同样的效果。

在 TreeView 控件中,每一个项称为一个节点,节点用 TreeNode 对象来表示。可以使用 TreeNode 类来创建节点,代码如下。

```
//创建名为 rN1 的节点"图书"
TreeNode rN1=new TreeNode("图书");
//创建名为 rN2 的节点"计算机"
TreeNode rN2=new TreeNode("计算机");
```

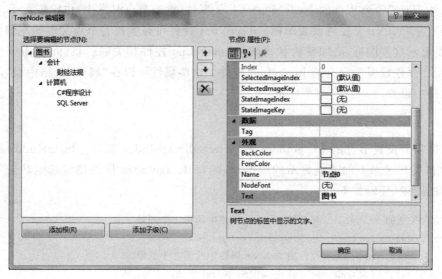

图 8.32 "TreeNode 编辑器"对话框

(1) Nodes 集合。Nodes 集合包含 TreeView 控件中的所有节点,此集合中有一个或多个根节点,添加到根节点上的任何节点都称作子节点,子节点本身也可以有子节点。可以使用 Add()方法为 Nodes 集合添加根节点,代码如下。

```
//为控件 treeView1 添加名为 rN1 的根节点"图书"
TreeNode rN1=new TreeNode("图书");
treeView1.Nodes.Add(rN1);       //或 treeView1.Nodes.Add("图书");
```

和数组类似,为规范节点次序,可以用数字区分同一层上的节点,0 代表第 1 个节点,1 代表第 2 个节点,以此类推。例如,上面建立的根节点 rN1,可以用 treeView1.Nodes[0]代表。

(2) 添加子节点。为"图书"根节点 rN1 添加"会计"子节点 cN1,代码如下。

```
TreeNode cN1=new TreeNode("会计");                    //创建节点 cN1
rN1.Nodes.Add(cN1);
//或 rN1.Nodes.Add("会计");
//或 treeView1.Nodes[0].Nodes.Add(cN1);
//或 treeView1.Nodes[0].Nodes.Add("会计");
```

(3) 确定单击了哪个 TreeView 节点。使用 TreeView 控件时,一个常见任务是确定单击了哪个节点并相应地予以响应。在编程时,通常在 TreeView 控件的 AfterSelect 事件(在更改选定内容后发生)中,使用 EventArgs 对象返回对已单击的节点对象的引用,通过检查属性(如 Text 或 Index 属性)来确定单击了哪个节点,代码如下。

```
private void treeView1_AfterSelect(object sender, TreeViewEventArgs e)
{
    MessageBox.Show(e.Node.Text);                    //获取单击节点的文本
}
```

另外，TreeView 控件的 NodeMouseClick 事件（单击节点时发生）也比较常用。

（4）为 TreeView 控件设置图标。TreeView 控件可在紧挨着节点文本的左侧显示图标，若要显示这些图标，必须使树状视图与 ImageList 控件相关联。将 TreeView 控件的 ImageList 属性设置为现有的 ImageList 控件。这些属性可以在"属性"窗格中设置，也可以在代码中设置。

```
treeView1.ImageList=ImageList1;
```

然后需要设置节点的 ImageIndex 和 SelectedImageIndex 属性。ImageIndex 属性确定正常和展开状态下的节点显示的图像，SelectedImageIndex 属性确定选定状态下的节点显示的图像，代码如下。

```
//0为关联的 ImageList 控件的 Images 属性中的第 1 个图像
treeView1.SelectedNode.ImageIndex=0;
//1为关联的 ImageList 控件的 Images 属性中的第 2 个图像
treeView1.SelectedNode.SelectedImageIndex=1;
```

8.4.3 列表视图控件的使用

ListView（列表视图）控件显示带图标的项列表。可使用列表视图创建类似于 Windows 资源管理器右窗格的用户界面。

可以在 ListView 控件（列表视图）中添加项，有如下两种方式。

（1）在 ListView 控件的属性列表中选择 Items 属性，单击"..."按钮，在打开的"ListViewItem 集合编辑器"对话框中添加项目，如图 8.33 所示。图中添加了 2 项："C#程序设计"和 SQL Server 2008。

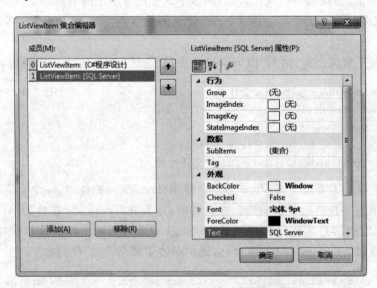

图 8.33 "ListViewItem 集合编辑器"对话框

（2）以代码的方式为 ListView 控件添加新项，可以得到同样的效果。

ListView 控件的主要属性是 Items, 该属性包含控件所显示的项。

(1) 向 ListView 控件添加和移除项。将项添加到 ListView 控件的过程为：指定项，设置其属性。可在任何时候使用 Items 属性的 Add() 方法添加项，代码如下。

```
listView1.Items.Add("C#程序设计");                    //添加项
```

使用 Items 属性的 RemoveAt() 或 Clear() 方法移除项。RemoveAt() 方法用于移除一个项，而 Clear() 方法能够移除列表中的所有项，代码如下。

```
listView1.Items.RemoveAt(0);                         //移除第 1 项
listView1.Items.Clear();                             //移除所有项
```

(2) 向 ListView 控件中添加列。ListView 控件的另一主要属性是 View, 该属性显示项的各种视图模式。ListView 控件具有 4 种视图模式：LargeIcon、SmallIcon、List 和 Details。LargeIcon 视图模式下，在项文本旁显示大图标，如果空间足够大，则项显示在多列中。SmallIcon 视图模式下，除显示小图标外，其他方面与 LargeIcon 视图模式相同。List 视图模式下，显示小图标，但总是显示在单列中。Details 视图模式下，在多列中显示项。

当 ListView 控件在位于 Details 视图中时，可为每个列表项显示多列。可使用这些列显示关于各个列表项的若干种信息。例如，文件列表可显示文件名、文件类型、大小和上次修改日期等。

要在代码中添加列，首先需要将控件的 View 属性设置为 Details。然后使用列表视图的 Columns 属性的 Add() 方法，代码如下。

```
listView1.View=View.Details;                                      //设置控件的 Details 模式
listView1.Columns.Add("书名",20,HorizontalAlignment.Left);        //添加一列
```

(3) 为 ListView 控件显示图标。ListView 控件可显示 3 组图像列表中的图标：List 视图、Details 视图和 SmallIcon 视图。SmallIcon 视图显示在 SmallImageList 属性中指定的图像列表中的图像；LargeIcon 视图显示在 LargeImageList 属性中指定的图像列表中的图像；List 视图还能在大图标或小图标旁显示在 StateImageList 属性中设置的一组附加图标。

首先将属性 SmallImageList、LargeImageList 或 StateImageList 的值设置为希望使用的 ImageList 组件。然后为每个具有关联图标的列表项设置 ImageIndex 或 StateImageIndex 属性。这些属性可以在代码中进行设置，方法与为 TreeView 控件设置图标相同。

在图书分类界面右侧的上方和中间部分分别添加一个 ListView 控件，并设置 Dock 属性均为 Fill, 分别填充窗体右侧的上方和中间板块。

8.4.4 图书分类功能

继续完善图书分类界面的设计，步骤如下。

(1) 在图书分类界面添加两个 ImageList 控件，在其 Images 集合中添加 2 个图标，作

为小图标和大图标。

（2）将之前添加的 TreeView 控件的 ImageList 属性和第（1）步添加小图标的 ImageList 控件绑定。

（3）将填充界面右侧上方的 ListView 控件的 View 属性设置为 Details，添加 10 列。设置 Columns 属性分别为：（空）、书名、作者、出版社、ISBN、类别、数量、价格、出版时间、页数。其中，第 1 列用于显示小图标，将 Width 由默认的 60 改为 30（其余 9 列不需要修改），并将其 SmallImageList 属性和刚才添加小图标的 ImageList 控件绑定。将填充界面中间板块的 ListView 控件的 View 属性设置为 LargeIcon，并将其 LargeImageList 属性和刚才添加大图标的 ImageList 控件绑定。

（4）添加两个 Button 控件，将其 Text 属性分别设置为"添加类别"和"新书入库"，Name 属性分别设置为"btn 类别"和"btn 新书"。

图书分类界面设计如图 8.34 所示。

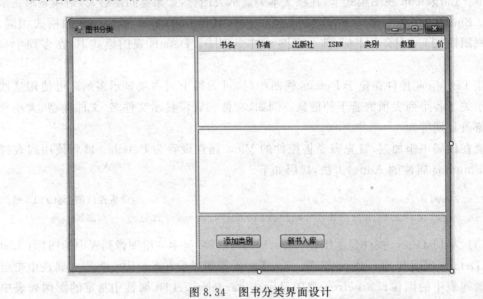

图 8.34　图书分类界面设计

此时，TreeView 控件需要自动获取数据库中的数据，且各个分类下方是未展开的，即分类名前方显示"+"，而此时 2 个 ListView 控件中都是空白的，只有当选择 TreeView 控件中的某个分类时，才会将属于所选分类的书籍信息显示在 ListView 控件中。下面介绍如何获取数据库中的数据，步骤如下。

（1）在 TreeView 控件中获取图书分类信息，具体代码如下。

```
using System.Data.SqlClient;
using DAL;

private void BookManager_Load(object sender, EventArgs e)
{
    GetTreeview();                              //调用自定义方法
    treeView1.Nodes[0].Expand();                //展开树根节点
```

```csharp
public void GetTreeview()                       //获取数据库中数据,并添加到TreeView中
{
    TreeNode tr=new TreeNode("图书");
    treeView1.Nodes.Add(tr);
    SqlDataReader dr=SqlHelper.ExecuteReader(CommandType.Text,
        "select ClassName from tb_BookClass", null);
    while (dr.Read())                           //先添加分类名
    {
      TreeNode tr1=new TreeNode(dr["ClassName"].ToString());
      tr.Nodes.Add(tr1);
    }
    foreach (TreeNode node in tr.Nodes)         //再在分类中添加书名
    {
      SqlDataReader dr2 = SqlHelper.ExecuteReader (CommandType.Text,"select
      BookName from tb_Book where BookClass=@BookClass", new SqlParameter
      ("@BookClass", node.Text));
      while (dr2.Read())
      {
         TreeNode tr2=new TreeNode(dr2["BookName"].ToString());
         node.Nodes.Add(tr2);
      }
    }
}
```

(2) 把此窗体和主窗体进行关联,即单击主窗体中相应菜单项,弹出此窗体。在主窗体中添加如下代码。

```csharp
private void 图书分类ToolStripMenuItem_Click(object sender, EventArgs e)
{
    图书分类 b=new 图书分类();
    b.MdiParent=this;
    b.Show();
}
```

向数据库中的图书信息表(tb_Book)中添加一些数据,运行程序,将在界面左侧的 TreeView 控件中看到刚添加的数据,如图 8.35 所示。

(3) 单击左侧 TreeView 控件中某个分类名时,会在右侧的两个 ListView 控件中分别以详细信息和大图标的形式显示相应分类下的图书信息。单击左侧 TreeView 控件中某个图书名时,会在右侧的两个 ListView 控件中分别以详细信息和大图标的形式显示相应图书信息,具体代码如下。

```csharp
private void treeView1_NodeMouseClick(object sender, TreeNodeMouseClickEventArgs e)
{
```

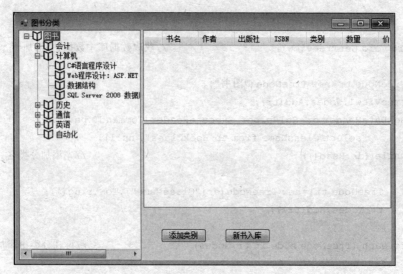

图 8.35 获取图书分类

```
listView1.Items.Clear();
listView2.Items.Clear();
if (e.Node.Level==1)
{
    GetListView("select * from tb_Book where BookClass=@BookName",
            e.Node.Text);
}
if (e.Node.Level==2)
{
    GetListView ("select * from tb_Book where BookName=@BookName",
            e.Node.Text);
}

public void GetListView(string sql, string text)
{
    DataSet ds=SqlHelper.GetDataSet(CommandType.Text, sql,
                            new SqlParameter("@BookName", text));
    foreach (DataRow row in ds.Tables[0].Rows)
    {
        ListViewItem item=new ListViewItem("", 0);
        item.SubItems.Add(row["BookName"].ToString());
        item.SubItems.Add(row["Author"].ToString());
        item.SubItems.Add(row["Publishing"].ToString());
        item.SubItems.Add(row["ISBN"].ToString());
        item.SubItems.Add(row["BookClass"].ToString());
        item.SubItems.Add(row["Count"].ToString());
```

```
        item.SubItems.Add(row["Price"].ToString());
        item.SubItems.Add(row["PublishTime"].ToString());
        item.SubItems.Add(row["PageCount"].ToString());
        listView1.Items.Add(item);
        listView2.Items.Add(row["BookName"].ToString());
    }
    for (int i=0; i<listView2.Items.Count; i++)
    {
        listView2.Items[i].ImageIndex=0;
    }
}
```

8.4.5 添加类别功能

如果要添加新的类别,单击"图书分类"窗体下方的"添加类别"按钮,打开"添加类别"窗口,在 UI 层添加第 5 个窗体——添加类别,如图 8.36 所示。

图 8.36 添加类别界面设计

需要完成的功能是：在文本框中输入类别名,单击"确定"按钮,可以将新添加的类别名添加到图书分类界面的 TreeView 控件中,"确定"按钮的 Click 事件代码如下。

```
private void button1_Click(object sender, EventArgs e)
{
    int i=SqlHelper.ExecuteNonQuery(CommandType.Text,
        "insert into tb_BookClass(ClassName)values(@ClassName)",
        new SqlParameter("@ClassName",textBox1.Text));
    if (i!=0)                                        //添加类别成功
    {
        DialogResult=DialogResult.OK;
    }
    else                                             //添加类别失败
    {
        DialogResult=DialogResult.No;
    }
}
```

下面需要把"添加类别"窗体和"图书分类"窗体进行关联,即单击"图书分类"窗体中"添加类别"按钮,弹出此窗体。"添加类别"按钮的 Click 事件代码如下。

```
private void btn类别_Click(object sender, EventArgs e)
```

```
{
    添加类别 c=new 添加类别();
    if(c.ShowDialog()==DialogResult.OK)
    {
        MessageBox.Show("添加成功");
        treeView1.Nodes.Clear();
        GetTreeview();
        treeView1.Nodes[0].Expand();
    }
    else
    {
        MessageBox.Show("添加失败");
    }
}
```

至此,已经可以成功添加新类别了。

8.4.6 新书入库功能

如果要添加新的书籍,需要在图书分类界面中先选择左侧 TreeView 控件中某项分类(如"计算机"),单击"新书入库"按钮,打开"新书入库"对话框。在 UI 层添加第 6 个窗体——新书入库。

新书入库界面由 9 个 Lable 控件、8 个 TextBox 控件、1 个 DateTimePicker 控件和 1 个 Button 控件组成。把 8 个 TextBox 控件的 Name 属性分别设置为 txtclass、txtname、txtauthor、txtpub、txtisbn、txtcount、txtprice 和 txtpagecount,其中 txtclass 文本框中的值是通过图书分类界面中用户选择的值自动获取的(即之前所选择的"计算机"),需要将 ReadOnly 属性设置为 true(默认为 false)。

新书入库界面设计如图 8.37 所示。当添加新书籍时,需要在除了图书分类的其余 7 个文本框中输入相应信息,并选择出版时间。单击窗体下方的"提交"按钮,实现增加新书功能。

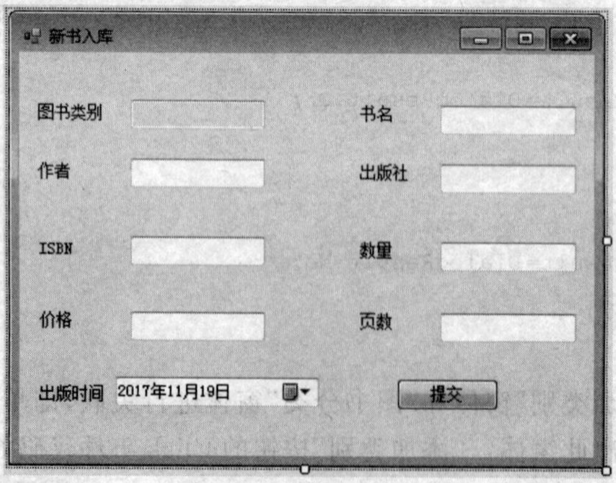

图 8.37 新书入库界面设计

和添加用户功能类似，用户将新书入库界面中的各项信息输入完成后，可以将输入的各项信息填充到后台数据库中。想要操作数据库，三层架构中的各层需要添加相应的内容，步骤如下。

(1) 在类库 Model 的 Books 类中添加变量和属性，代码如下。

```
public class Books
{
    public static int count;                            //图书数量
    private string _bookName;                           //图书名称
    public string BookName
    {
        get { return this._bookName; }
        set { this._bookName=value; }
    }
    private string _author;                             //作者
    public string Author
    {
        get { return this._author; }
        set { this._author=value; }
    }
    private string _publishing;                         //出版社
    public string Publishing
    {
        get { return this._publishing; }
        set { this._publishing=value; }
    }
    private long _iSBN;                                 //图书 ISBN
    public long ISBN
    {
        get{ return this._iSBN; }
        set{ this._iSBN=value; }
    }
    private string _bookClass;                          //图书分类
    public string BookClass
    {
        get { return this._bookClass; }
        set { this._bookClass=value; }
    }
    private int _count;                                 //图书数量
    public int Count
    {
        get { this._count=count; return this._count; }
```

```csharp
            set { this._count=value; count=this._count; }
        }
        private decimal _price;                              //图书单价
        public decimal Price
        {
            get { return this._price; }
            set { this._price=value; }
        }
        private DateTime _publishTime;                       //出版时间
        public DateTime PublishTime
        {
            get { return this._publishTime; }
            set { this._publishTime=value; }
        }
        private int _pageCount;                              //页数
        public int PageCount
        {
            get { return this._pageCount; }
            set { this._pageCount=value; }
        }
        private int _outCount;                               //借出数量
        public int OutCount
        {
            get { return this._outCount; }
            set { this._outCount=value; }
        }
}
```

(2) 在类库 DAL 的 BookManager 类中添加命名空间和相应方法，代码如下。

```csharp
public bool validateBook(Books b)                            //判断对象b是否存在
{
    return SqlHelper.ExecuteReader(CommandType.Text,
        "select * from tb_Book where ISBN=@ISBN",
        new SqlParameter("@ISBN", b.ISBN)).Read();
}
public bool CreateBook(Books b)                              //创建对象b
{
    string sql="insert into tb_Book(BookClass,BookName,Author,Publishing,ISBN,
            Count,Price,PublishTime,PageCount)
            values(@BookClass,@BookName,@Author,@Publishing,@ISBN,@Count,
            @Price,@PublishTime,@PageCount)";
    SqlParameter[] p={
```

```csharp
                new SqlParameter("@BookClass",b.BookClass),
                new SqlParameter("@BookName",b.BookName),
                new SqlParameter("@Author",b.Author),
                new SqlParameter("@Publishing",b.Publishing),
                new SqlParameter("@ISBN",b.ISBN),
                new SqlParameter("@Count",Books.count),
                new SqlParameter("@Price",b.Price),
                new SqlParameter("@PublishTime",b.PublishTime),
                new SqlParameter("@PageCount",b.PageCount)
            };
    return SqlHelper.ExecuteNonQuery(CommandType.Text, sql, p)==0 ? false : true;
}
```

(3) 在类库 BLL 的 BookManager 类中添加命名空间和相应方法，代码如下。

```csharp
public bool validateBook(Books b)
{
    return new DAL.BookManager().validateBook(b);       //调用 DAL 中 BookManager 类的方法
}
public bool CreateBook(Books b)
{
    return new DAL.BookManager().CreateBook(b);         //调用 DAL 中 BookManager 类的方法
}
```

(4) 新书入库界面的代码如下。

```csharp
using System.Data.SqlClient;
using BLL;
using Model;

namespace 图书借阅管理系统
{
    public partial class 新书入库 : Form
    {
        string s;                                       //s用来保存图书分类
        public 新书入库()                                //默认构造方法
        {
            InitializeComponent();
        }
        public 新书入库(string bookclass)                //带一个参数构造方法,用来传值
        {
            s=bookclass;
            InitializeComponent();
        }
        private void 新书入库_Load(object sender, EventArgs e)
```

```csharp
            {
                txtclass.Text=s;                          //图书分类赋值
            }
        private void button1_Click(object sender, EventArgs e)
        {
            Books b=new Books();
            b.Author=txtauthor.Text;
            b.BookClass=txtclass.Text;
            b.BookName=txtname.Text;
            b.Count=Convert.ToInt32(txtcount.Text);
            b.ISBN=Convert.ToInt64(txtisbn.Text);
            b.PageCount=Convert.ToInt32(txtpagecount.Text);
            b.Price=Convert.ToDecimal(txtprice.Text);
            b.Publishing=txtpub.Text;
            b.PublishTime=dateTimePicker1.Value;
            bool dr=new BLL.BookManager().validateBook(b);
            if (!dr)
            {
                bool bs=new BLL.BookManager().CreateBook(b);
                if (bs)
                {
                    DialogResult=DialogResult.OK;
                }
                else
                {
                    DialogResult=DialogResult.No;
                }
            }
            else
            {
                MessageBox.Show("ISBN重复");
            }
        }
    }
}
```

(5) 把"新书入库"窗体和"图书分类"窗体进行关联,即单击"图书分类"窗体中"新书入库"按钮,弹出此窗体,"新书入库"按钮的 Click 事件代码如下。

```csharp
private void btn新书_Click(object sender, EventArgs e)
{
    if (treeView1.SelectedNode.Level==1)              //先选择图书类别,再添加书籍
    {
        新书入库 c=new 新书入库(treeView1.SelectedNode.Text);
        if (c.ShowDialog()==DialogResult.OK)
        {
```

```
            MessageBox.Show("入库成功");
            treeView1.Nodes.Clear();
            GetTreeview();
            treeView1.Nodes[0].Expand();
        }
        else
        {
            MessageBox.Show("操作失败");
        }
    }
    else
    {
        MessageBox.Show("请选择图书类别");
    }
}
```

至此,已经新添加了6个类别,入库了4本新书,运行结果如图8.38所示。

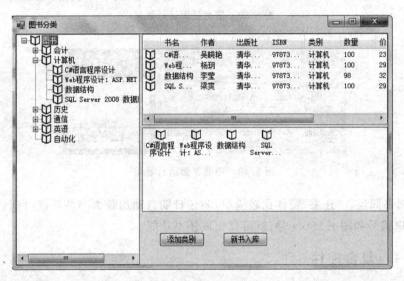

图8.38 图书分类界面运行效果

8.5 借书与还书

当分别选择主菜单中的"书籍管理"→"图书借阅"或"图书归还"命令时,会出现相应子窗体。运行效果如图8.39和图8.40所示。

(1) 图书借阅。在"借书"窗体中,在窗体上方输入完整的图书ISBN号,查询要借的图书信息;中间部分显示出查询结果。单击要借阅图书所在行前的三角形图标,代表已选中此书。下方的借书日期自动加载为当前系统时间,截止时间自动在借书日期基础上加两个月时间。输入要借书的用户编号,单击"借出"按钮,即完成借书。

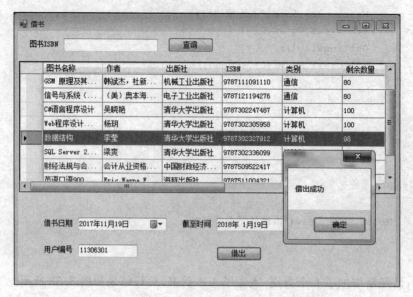

图 8.39 借书界面运行效果

图 8.40 还书界面运行效果

(2) 图书归还。"还书"窗体比较简单,归还日期自动加载为当前系统时间,只须输入完整的用户编号和图书 ISBN 号,就可以完成还书功能。

8.5.1 复合控件

复合控件是现有控件的组合,是由 UserControl 类派生的控件。复合控件是封装在公共容器内的 Windows 窗体控件的集合。复合控件包含与每个 Windows 窗体控件相关联的所有固有功能,允许开发者有选择地公开和绑定它们的属性。

在创建复合控件时,系统会提供一个可视化的设计器,可以将标准 Windows 窗体控件置于该设计器中,这些控件保留了其所有固有功能以及标准控件的外观。

创建一个复合控件的步骤如下。

(1) 生成一个 DLL 文件,而不是一个 EXE 文件。当创建一个新的自定义控件时,首先需要创建一个项目,项目类型为 Windows 窗体控件库,而不是 Windows 应用程序或者其他类型。在编译时,编译器将生成一个 DLL 文件而不是 EXE 文件。

(2) 创建了一个 Windows 窗体控件库后,接下来需要做的是修改基类。默认情况下,Windows 窗体控件库的模板默认的基类为 UserControl。基类决定了将要创建的控件的类型。创建复合控件时,使用默认基类即可。

(3) 为所有的公共属性编码。属性是组件和控件编程接口的一个重要部分。应该对属性的设计给予适当的考虑。

(4) 编写所有公有或者私有的方法。

(5) 编写事件处理程序,处理基类的所有事件。在创建一个复合控件时,需要处理组成控件所有必需的事件。通常情况下,可以使用 Visual Studio.NET 来创建空的事件处理程序,并且把事件处理程序绑定到事件。

(6) 声明和触发自定义事件,以响应用户的行为。

(7) 实现设计时支持,虽然此步骤不是创建一个简单自定义控件所必需的,但对于更复杂的一些自定义控件,实现设计时特性可以使它们更易于使用。

在本项目的借书模块中,包含功能"通过图书 ISBN 号,查询相应图书信息",可以通过复合控件完成本功能,步骤如下。

(1) 创建 Windows 窗体控件库"查询",如图 8.41 所示。

图 8.41 创建一个 Windows 窗体控件库

此时,系统会自动生成一个类似于窗体的界面 UserControl1,可以通过拖动改变其大小。

(2) 界面 UserControl1 由 1 个 Label 控件、1 个 TextBox 控件、1 个 Button 控件和 1 个 DataGridView 控件组成。设置 Label 控件的 Text 属性为"图书 ISBN";设置 TextBox 控件的 Name 属性为 txtisbn;设置 Button 控件的 Text 属性为"查询";设置 DataGridView 控件的 Columns 属性(添加 10 列)分别为"图书名称""作者""出版社"、ISBN、"类别""剩余数量""价格""出版时间""页数"和"借出数量",由于数据库中图书表字段名称为英文,将各个列的 DataPropertyName 设置为和数据库中对应的名称,如"图书名称"的 DataPropertyName 设置为 BookName,以此类推,如图 8.42 所示。

图 8.42 设置 DataGridView 控件的 Columns 属性

UserControl1 界面设计如图 8.43 所示。

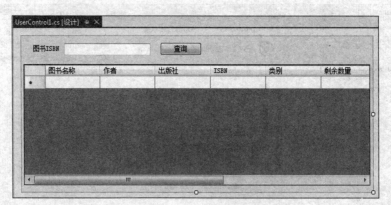

图 8.43 UserControl1 界面设计

(3) 在"查询"按钮的 Click 事件中添加如下代码。

```
using System.Data.SqlClient;
private void btn查询_Click(object sender, EventArgs e)
{
    SqlConnection cn=new SqlConnection();
    cn. ConnectionString =" data source =.; initial catalog = BookManager;
                          integrated security=true;";
    SqlDataAdapter da ;
    if (string.IsNullOrEmpty(txtisbn.Text))         //不输入 ISBN,查看所有图书
    {
        da=new SqlDataAdapter("select * from tb_book ", cn);
    }
    else                                            //输入 ISBN,查看指定图书
```

```
        {
            da=new SqlDataAdapter("select * from tb_book where ISBN='"
                        +txtisbn.Text+"'", cn);
        }
        DataSet ds=new DataSet();
        da.Fill(ds);
        dataGridView1.DataSource=ds.Tables[0];
        cn.Close();
}
```

(4) 测试复合控件 UserControl1, 测试结果如图 8.44 所示。

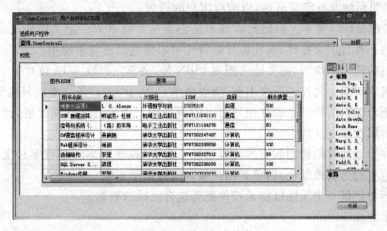

图 8.44 测试复合控件

注意: 在程序中使用复合控件时,如果想要修改复合控件中某控件的属性,必须要在创建复合控件时公开该属性,否则不能修改。当然,也可以根据需要再增加一些属性,如字体、控件大小等,让控件使用者可以更加灵活地使用控件。

创建复合控件时要注意:任何复合控件的属性都必须通过加入的方式公开,而不要直接把复合控件以 public 级别公开,这样做的目的是更好地把握控件的数据安全,从而只把那些最需要的属性公开给控件用户。

8.5.2 扩展控件

创建控件的另一种方式是从现有控件继承来扩展控件。当从一个现有控件继承时,就继承了该控件的所有功能和属性。例如,创建一个从 Button 继承的控件,则新控件的外观和操作方式与标准的 Button 控件完全一样。还可通过自定义方法和属性来扩展或修改新控件的功能。

创建扩展控件的步骤如下。

(1) 生成一个 DLL 文件,而不是一个 EXE 文件。当创建一个新的扩展控件时,首先需要创建一个 Windows 窗体控件库,而不是 Windows 应用程序或者其他类型。在编译时,编译器将生成一个 DLL 文件而不是 EXE 文件。

（2）创建了一个 Windows 窗体控件库后，接下来需要做的是修改基类。默认情况下，Windows 窗体控件库的模板默认的基类为 UserControl。基类决定了将要创建的控件的类型。创建扩展控件时，应将基类修改为所要继承的控件，例如想扩展一个 TextBox 控件，则基类应修改为 System.Windows.Forms.TextBox。

（3）为所有的公共属性编码。属性是组件和控件编程接口的一个重要部分，应该对属性的设计给予适当的考虑。

（4）编写所有公有或者私有的方法。

（5）编写事件处理程序，处理基类的所有事件。通常情况下，可以使用 Visual Studio .NET 来创建空的事件处理程序，并且把事件处理程序绑定到事件。

（6）声明和触发自定义事件，以响应用户的行为。

（7）实现设计时支持。虽然此步骤不是创建一个简单的自定义控件所必需的，但对于更复杂的一些自定义控件，实现设计时特性可以使它们更易于使用。

本项目的还书模块中，需要输入图书 ISBN 号，要求用户输入 13 位数字，可以通过扩展控件完成本功能。此控件为文本框，所以继承自 TextBox。该文本框只接受数字，并且能够检查用户输入的数字是否在用户指定的范围内。为了方便后期扩展，此范围的上界和下界是由属性来定义的。

如果在验证的时候检测到它的内容越过了边界（或者根本不是数字），文本框将把自己的背景色更改为其他颜色，以警告用户输入的数据不正确。

控件还将提供一个属性以指示控件是否包含正确的数据。

操作步骤如下。

（1）创建一个新的 Windows 窗体控件库应用程序，命名为 TxtISBN。

（2）在代码编辑器中，定位到指定 UserControl 类作为基类的那一行上，将基类的名称更改为要继承的控件的名称：System.Windows.Forms.TextBox，设计视图如图 8.45 所示。

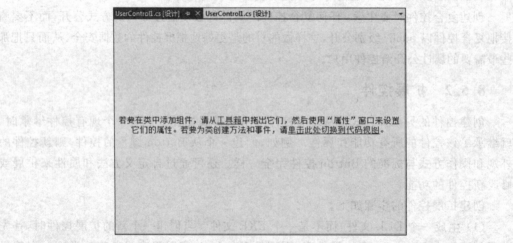

图 8.45　设计视图

因为 UserControl 是为布局其他的控件所设计的类,因此图 8.45 所示的设计窗体中虽然不存在网格,但是仍然可以访问"属性"窗格来修改控件的事件和属性。

(3) 为控件添加属性,代码如下。

```
private long nLow= 9780000000000;
private long nHigh= 9790000000000;
[Category("外观"), Description("下界")]
public long Low                                    //表示范围的下界
{
    get
    {
        return nLow;
    }
    set
    {
        nLow=value;
    }
}
[Category("外观"), Description("上界")]
public long High                                   //表示范围的上界
{
    get
    {
        return nHigh;
    }
    set
    {
        nHigh=value;
    }
}
//表示数字是否在范围内,只读属性
public bool ContensInRange
{
    get
    {
        long nTxtValue;
        try
        {
            nTxtValue=Convert.ToInt64(this.Text);
        }
        catch (FormatException)                    //格式不正确
        {
```

```
            return false;
        }
        if (nHigh<nLow)
            return false;
        if (nTxtValue<nLow || nTxtValue >nHigh)
            return false;
        return true;
    }
}
//表示错误信息,只读属性
public string ErrorMessage
{
    get
    {
        if (this.ContensInRange)
            return "";
        else
            return string.Format("必须输入大于{0}或者小于{1}的数", nLow, nHigh);
    }
}

private void UserControl1_Validating(object sender, CancelEventArgs e)
{
    if (this.ContensInRange)
        this.BackColor=Color.White;
    else
        this.BackColor=Color.Yellow;
}
```

(4) 运行程序。

8.5.3 补充三层架构内容

想要完成图书借阅功能,肯定要操作数据库,三层架构中的各层需要有相应的内容,下面介绍如何补充之前搭建的三层架构中的内容(本节只针对图书借阅功能)。

操作步骤如下。

(1) 在类库 Model 的 BookOut 类中添加变量和属性,代码如下。

```
public class BookOut
{
    private string _userID;
    public string UserID                              //UserID用户编号
    {
```

```csharp
            get { return this._userID; }
            set { this._userID=value; }
        }
        private string _bookName;
        public string BookName                    //BookName 图书名称
        {
            get { return this._bookName; }
            set { this._bookName=value; }
        }
        private long _iSBN;
        public long ISBN                          //ISBN 号
        {
            get { return this._iSBN; }
            set { this._iSBN=value; }
        }
        private string _startTime;
        public string StartTime                   //StartTime 借书日期
        {
            get { return this._startTime; }
            set { this._startTime=value; }
        }
        private string _endTime;
        public string EndTime                     //EndTime 截止日期
        {
            get { return this._endTime; }
            set { this._endTime=value; }
        }
        private string _isReturn;
        public string IsReturn                    //IsReturn 是否归还
        {
            get { return this._isReturn; }
            set { this._isReturn=value; }
        }
        private string _returnTime;
        public string ReturnTime                  //ReturnTime 归还日期
        {
            get { return this._returnTime; }
            set { this._returnTime=value; }
        }
    }
}
```

(2) 在类库 DAL 的 BookManager 类中添加相应的方法,代码如下。

```csharp
public bool createBookOut(BookOut b)
{
    SqlParameter[] p={
                    new SqlParameter("@UserID",b.UserID),
                    new SqlParameter("@ISBN",b.ISBN),
                    new SqlParameter("@BookName",b.BookName),
                    new SqlParameter("@StartTime",b.StartTime),
                    new SqlParameter("@EndTime",b.EndTime),
                };
    return SqlHelper.ExecuteNonQuery(CommandType.Text, "insert into
        tb_BookOut(UserID,ISBN,BookName,StartTime,EndTime)
        values(@UserID,@ISBN,@BookName,@StartTime,@EndTime)",
        p)==0 ? false : true;
}
public SqlDataReader sureBookOut(BookOut b)
{
    SqlParameter[] p={
                    new SqlParameter("@ISBN",b.ISBN),
                    new SqlParameter("@UserID",b.UserID)
                };
    return SqlHelper.ExecuteReader(CommandType.Text,
        "select StartTime,EndTime,IsReturn from tb_BookOut
        where UserID=@UserID and ISBN=@ISBN ", p);
}
public bool updateBookOut(string isbn, int count)
{
    SqlParameter[] p2={
                    new SqlParameter("@Count",count-1),
                    new SqlParameter("@ISBN",isbn)
                };
    return SqlHelper.ExecuteNonQuery(CommandType.Text,
        "update tb_Book set Count=@Count,OutCount=OutCount+1
        where ISBN=@ISBN", p2)==0 ? false : true;
}
public bool upBookOut(BookOut b)
{
    SqlParameter[] p={
                    new SqlParameter("@UserID",b.UserID),
                    new SqlParameter("@ISBN",b.ISBN),
                    new SqlParameter("@StartTime",b.StartTime),
                    new SqlParameter("@EndTime",b.EndTime),
                };
    return SqlHelper.ExecuteNonQuery(CommandType.Text,
        "update tb_BookOut set IsReturn='否',StartTime=@StartTime,
```

```
                EndTime=@EndTime,ReturnTime=null
                where UserID=@UserID and ISBN=@ISBN", p)==0 ? false: true;
}
public void returnBook(BookOut b)
{
    SqlParameter[] p={
                      new SqlParameter("@UserID",b.UserID),
                      new SqlParameter("@ISBN",b.ISBN),
                      new SqlParameter("@ReturnTime",b.ReturnTime),
                    };
    SqlHelper.ExecuteNonQuery(CommandType.Text,
        "update tb_Book set Count=Count+1,OutCount=OutCount-1
        where ISBN=@ISBN", new SqlParameter("@ISBN", b.ISBN));
    SqlHelper.ExecuteNonQuery(CommandType.Text,
        "update tb_BookOut set ReturnTime=@ReturnTime,IsReturn='是'
        where UserID=@UserID and ISBN=@ISBN", p);
}
```

(3) 在类库 BLL 的 BookManager 类中添加相应的方法,代码如下。

```
public bool createBookOut(BookOut b)
{
    return new DAL.BookManager().createBookOut(b);
}
public SqlDataReader sureBookOut(BookOut b)
{
    return new DAL.BookManager().sureBookOut(b);
}
public bool updateBookOut(string isbn, int count)
{
    return new DAL.BookManager().updateBookOut(isbn, count);
}
public bool upBookOut(BookOut b)
{
    return new DAL.BookManager().upBookOut(b);
}
public void returnBook(BookOut b)
{
    new DAL.BookManager().returnBook(b);
}
```

8.5.4 图书借阅功能

在 UI 层添加第 7 个窗体——借书。借书界面可以分成上、下两部分,上方是 8.5.1 小节创建的复合控件(在此项目中需要先添加引用),通过图书的 ISBN 查询图书信息;下方由 2 个 DateTimePicker 控件、1 个 Label 控件、1 个 TextBox 控件和 1 个 Button 控件组成，修改 TextBox 和 Button 控件的 Name 属性分别为 txtuserid 和 "btn 借书"，界面设计如图 8.46 所示。

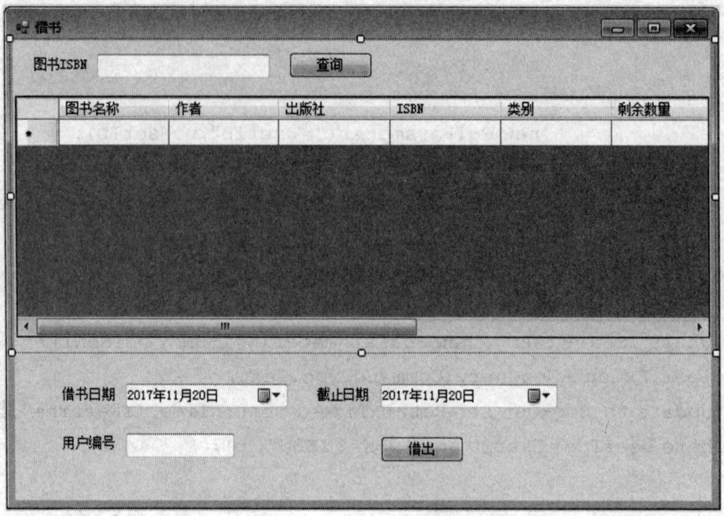

图 8.46 "借书"界面设计

通过输入完整的图书 ISBN 号（不输入直接单击"查询"按钮，可查看所有图书信息），可以查询相应图书的信息，并在 DataGridView 控件中显示查询结果。单击相应书所在行前的三角形图标，然后输入要借书的用户编号，借书日期自动加载为当前系统时间，截止日期自动在借书日期基础上加两个月时间，单击"借出"按钮，就可以完成借书功能。

注意在单击"借出"按钮前，需要先在 DataGridView 控件中选择想要借的图书。由于界面上方的查询图书功能是由复合控件完成的，想要设置或修改复合控件中的 DataGridView 控件的属性，需要在创建复合控件时公开该属性。在 8.5.1 小节的查询复合控件中公开 DataGridView 控件的 SelectedRows 属性，代码如下。

```
public DataGridViewSelectedRowCollection aa        //aa 为 SelectedRows 属性的别名
{
    get { return dataGridView1.SelectedRows; }
}
```

添加完毕，只须重新生成该复合控件即可，不需要重新引用。

在界面"借书"后台添加如下代码。

```
using Model;
using DAL;
using System.Data.SqlClient;
private void 借书_Load(object sender, EventArgs e)    //设置借书日期和截止日期
{
    dateTimePicker1.Value=DateTime.Now.Date;         //借书日期为当前系统时间
    //截止日期自动在借书日期基础上加两个月时间
    dateTimePicker2.Value=DateTime.Now.Date.AddMonths(2);
```

```csharp
        }
        private void btn借书_Click(object sender, EventArgs e)
        {
            if (userControl11.aa.Count==0)
            {
                MessageBox.Show("请在上面图书列表选择一本书");
            }
            else
            {
                int count=Convert.ToInt32(userControl11.aa[0].Cells[5].Value.ToString());
                string isbn=userControl11.aa[0].Cells[3].Value.ToString();
                if (count<=1)
                {
                    MessageBox.Show("此书剩余数量仅1本,禁止借出");
                }
                else
                {
                    Model.BookOut b=new Model.BookOut();
                    b.UserID=txtuserid.Text;
                    b.ISBN=Convert.ToInt64(isbn);
                    b.BookName=userControl11.aa[0].Cells[0].Value.ToString();
                    b.StartTime=dateTimePicker1.Value.ToShortDateString();
                    b.EndTime=dateTimePicker2.Value.ToShortDateString();

                    SqlDataReader dr=new BLL.BookManager().sureBookOut(b);
                    if (!dr.Read())
                    {
                        bool i=new BLL.BookManager().createBookOut(b);
                        SqlParameter[] p2={
                                    new SqlParameter("@Count",count-1),
                                    new SqlParameter("@ISBN",isbn)
                                };
                        bool i2=new BLL.BookManager().updateBookOut(isbn, count);
                        if (i && i2)
                        {
                            MessageBox.Show("借出成功");
                        }
                        else
                        {
                            MessageBox.Show("借出失败,请检查输入信息是否正确");
                        }
                    }
                    else if (dr["IsReturn"].ToString()=="是")
                    {
```

```
            bool i3=new BLL.BookManager().upBookOut(b);
            if (i3)
            {
                MessageBox.Show("借出成功");
            }
            else
            {
                MessageBox.Show("此用户已经拥有此书");
            }
        }
    }
}
```

运行程序,查询相应书籍,选择图书,单击"借出"按钮,就可以完成借书功能。

最后,把此窗体和主窗体进行关联,即单击主窗体中相应菜单项,弹出此窗体,在主窗体中添加如下代码。

```
private void 图书借阅ToolStripMenuItem_Click(object sender, EventArgs e)
{
    借书 b=new 借书();
    b.MdiParent=this;
    b.Show();
}
```

8.5.5 图书归还功能

在 UI 层添加第 8 个窗体——还书。图书归还界面由 3 个 Label 控件、2 个 TextBox 控件(上方用于输入用户编号的文本框的 Name 属性修改为 txtuserid,下方用于输入图书 ISBN 的文本框是 8.5.2 小节创建的扩展控件,同样需要先添加引用)、1 个 DateTimePicker 控件、1 个 Button 控件(Name 属性修改为"btn 还书")和 1 个 ErrorProvider 控件组成,界面如图 8.47 所示。

图 8.47 还书界面

ErrorProvider 类显示一个简单的界面,向最终用户指出窗体上的控件具有与它关联的错误。如果为控件指定了错误描述字符串,控件旁将会出现一个图标。当鼠标指针悬停在此图标上时,会出现错误描述字符串。此界面的 ErrorProvider 控件用来关联输入图书 ISBN 的文本框的错误。

当然也可以把输入"用户编号"的文本框也做成扩展控件,同样限制输入类型和位数,这里不再赘述。

具体实现代码如下。

```csharp
using System.Data.SqlClient;
using BLL;
using Model;
using TxtISBN;
private void userControl11_Validated(object sender, EventArgs e)
{
    TxtISBN.UserControl1 a=(TxtISBN.UserControl1)sender;
    if (!a.ContensInRange)
        this.errorProvider1.SetError(a, a.ErrorMessage);
    else
        this.errorProvider1.SetError(a, "");
}
private void btn还书_Click(object sender, EventArgs e)
{
    Model.BookOut b=new Model.BookOut();
    b.UserID=txtuserid.Text;
    b.ISBN=Convert.ToInt64(userControl11.Text);
    b.ReturnTime=dateTimePicker1.Value.ToShortDateString();
    SqlDataReader dr=new BLL.BookManager().sureBookOut(b);
    if (dr.Read())
    {
        DateTime data=DateTime.Parse(dr["EndTime"].ToString());
        int i=dateTimePicker1.Value.CompareTo(data);
        if (i==1)
        {
            System.TimeSpan ts=DateTime.Now.Date -data;
            int days=ts.Days;
            MessageBox.Show("此用户借书超期"+days+"天,应罚款"+days+"元");
        }
        new BLL.BookManager().returnBook(b);
        MessageBox.Show("还书成功");
        DialogResult=DialogResult.OK;
    }
    else
    {
        MessageBox.Show("无借书信息,请检查输入信息是否有误");
        DialogResult=DialogResult.No;
    }
}
```

运行程序,输入完整的用户编号和图书 ISBN,单击"归还"按钮,就可以完成还书功能。

最后把此窗体和主窗体进行关联,即单击主窗体中相应的菜单项,弹出此窗体,在主窗体中添加如下代码。

```
private void 图书归还ToolStripMenuItem_Click(object sender, EventArgs e)
{
    还书 b=new 还书();
    b.MdiParent=this;
    b.Show();
}
```

8.6 查询功能

分别选择"用户管理"→"用户查询""书籍管理"→"图书查询"命令时,会出现相应的子窗体。运行结果分别如图 8.48 和图 8.49 所示。

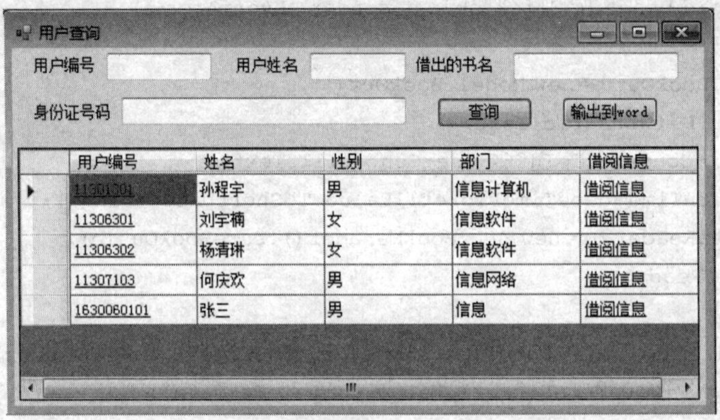

图 8.48 用户查询运行结果

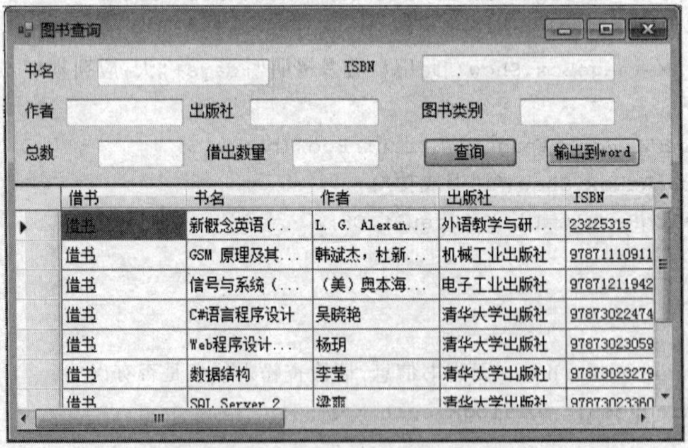

图 8.49 图书查询运行结果

查询功能几乎是每个系统中必不可少的功能,本项目中的查询功能主要包括用户查询和图书查询。在查询过程中,如果不输入任何数据,则可以查询出数据库中所有的数据;也可以输入某一项或某几项数据进行模糊查询。查询出的数据还可以输出到 Word 文档,方便用户查看。

8.6.1 使用 XML Web 服务

应用程序有时必须访问远程数据或其他功能,XML Web 服务能够实现数据交换,并能对应用程序逻辑进行远程调用。几乎所有的应用程序都可以访问 XML Web 服务,包括其他 XML Web 服务、Web 应用程序、Windows 应用程序和控制台应用程序等,唯一的要求是客户端必须能够与 XML Web 服务交换并处理消息。

XML Web 服务是为其他应用程序提供数据和服务的应用程序逻辑单元,是一个通过 URL 可以访问的功能集。

下面通过创建、测试并调用一个简单的 Web 服务,帮助读者了解使用 Web 服务的流程,然后创建本项目中使用的 Web 服务——用户查询 Web 服务。

1. 创建、测试并调用一个简单的 XML Web 服务

由于 Web 服务项目需要在网站下添加,所以在创建 Web 服务之前,需要先创建一个新网站。

操作步骤如下。

(1) 启动 Visual Studio.NET,选择"文件"→"新建"→"网站"命令,打开"添加新网站"对话框。选中"ASP.NET 空网站"选项,单击"确定"按钮,如图 8.50 所示。

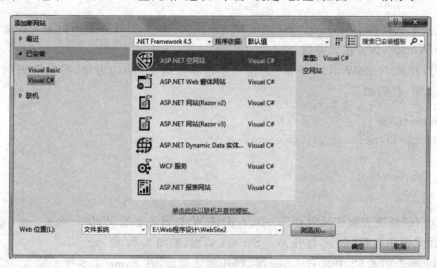

图 8.50 "添加新网站"对话框

网站创建好之后,在"解决方案资源管理器"中右击网站名,选择"添加"→"添加新项"命令,在打开的对话框中选中"Web 服务(ASMX)"选项,单击"添加"按钮,如图 8.51 所示。

(2) 打开"解决方案资源管理器"中 App_Code 下面的 WebService.cs 文件,可以看到如下代码。

```
[WebMethod]
public string HelloWorld()
```

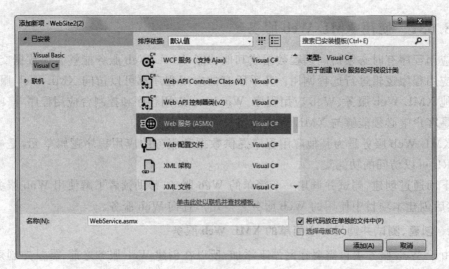

图 8.51 添加 Web 服务项目

```
{
    return "Hello World";
}
```

这是系统自动生成的一个 WebMethod 方法 HelloWorld(),返回值为 string 类型的"Hello World",该方法无参数。

可以仿照 HelloWorld()方法,创建一个带参数的 Hello()方法,参数和返回值均为 string 类型,代码如下。

```
[WebMethod]
public string Hello(string name)
{
    return "Hello "+name;
}
```

(3) 在"解决方案资源管理器"中,右击该 Web 服务下的 WebService.asmx 选项,选择"在浏览器中查看"命令,打开 WebService 页面,如图 8.52 所示。

(4) 单击图 8.52 中的 Hello 链接,打开测试页面,在 name 文本框中输入"张三",如图 8.53 所示,单击"调用"按钮。

(5) 如果此 Web 服务方法正确,则会返回如下 XML 代码。

```
<string xmlns="http://tempuri.org/">Hello 张三</string>
```

如果此 Web 服务方法有误,需要返回第(2)步进行检查,或重新构建 Web 服务方法。

(6) 调用 Web 服务。在客户端访问 XML Web 的操作步骤如下。

① 新建一个 Windows 应用程序项目。

② 找到要访问的 XML Web 服务。选择"项目"→"添加服务引用"命令,打开"添加服务引用"对话框,如图 8.54 所示。

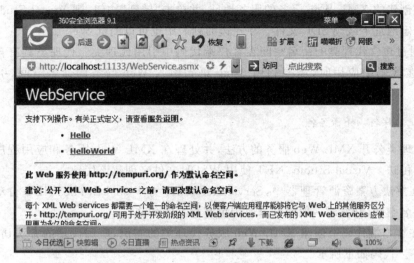

图 8.52　Web Service 页面

图 8.53　测试页面

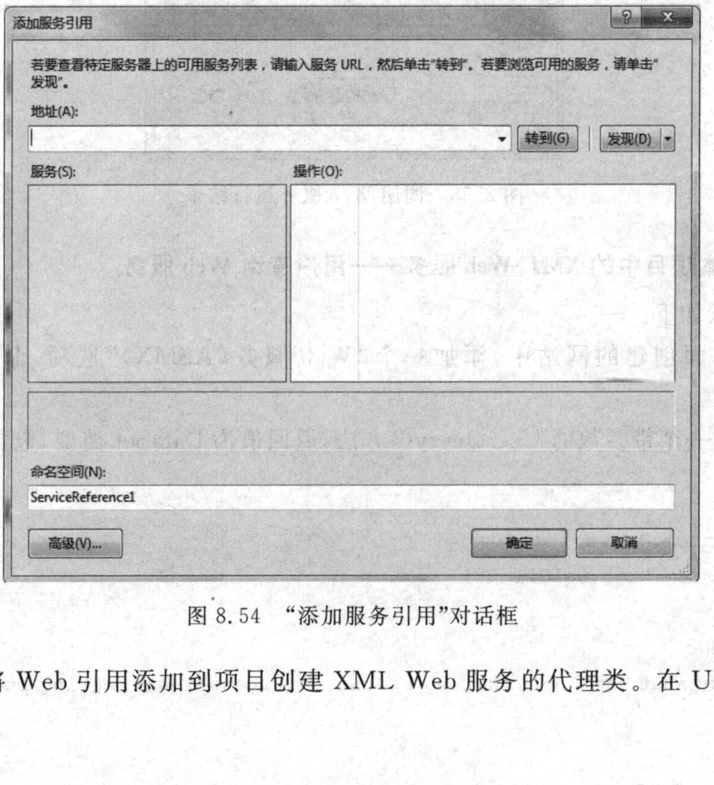

图 8.54　"添加服务引用"对话框

③ 通过将 Web 引用添加到项目创建 XML Web 服务的代理类。在 URL 地址栏中

输入之前创建的 XML Web 服务的服务地址,并单击"转到"按钮,则 Visual Studio.NET 自动从指定地址下载 WSDL 文件。在左边的列表中也可以测试 Web 服务。

④ 通过包含代理类的命名空间在客户端代码中引用代理类。代理类具有自己的命名空间,在代码中应用时,需要利用 using 语句引入 Web 服务的命名空间,引用格式如下。

```
using 程序名.Web 服务名;
```

该代理类公开 XML Web 服务的方法,并处理在 XML Web 服务和应用程序之间往返的参数传送。Visual Studio.NET 使用 WSDL 文件来创建该代理。

⑤ 在解决方案资源管理器中,ServiceReference 为 Visual Studio.NET 自动生成的默认的命名空间,开发时一般将其修改为更有意义的名称。

⑥ 在客户端代码中创建 XML Web 服务代理类的实例,使用代理的方法访问 XML Web 服务。代码如下所示。

```
private void button1_Click(object sender, EventArgs e)
{
    //创建代理类的实例 s
    WebServiceSoapClient s=new WebServiceSoapClient();
    //调用 Hello()方法,并把返回值显示在 Label 控件中
    label1.Text=s.Hello(textBox1.Text);
}
```

⑦ 运行结果如图 8.55 所示。

图 8.55　调用 Web 服务运行结果

2. 创建本项目中的 XML Web 服务——用户查询 Web 服务

操作步骤如下。

(1) 在前面创建的网站中,添加一个"Web 服务(ASMX)"选项,命名为"用户查询.asmx"。

(2) 创建一个带参数的 UserQuery()方法,返回值为 DataSet 类型,包含 4 个参数,代码如下。

```
using System.Data;
using System.Data.SqlClient;


[WebMethod]
public DataSet UserQuery(string userid,string username,string bookname,string
```

```csharp
uid)
{
    List<string> strwhere=new List<string>();
    SqlParameter[] p=new SqlParameter[4];
    if (!string.IsNullOrEmpty(userid))              //用户编号查询
    {
        strwhere.Add("a.UserId Like @UserID");
        p[0]=(new SqlParameter("@UserID", "%"+userid+"%"));
    }
    if (!string.IsNullOrEmpty(username))             //用户姓名查询
    {
        strwhere.Add("Name Like @Name ");
        p[1]=(new SqlParameter("@Name", "%"+username+"%"));
    }
    if (!string.IsNullOrEmpty(bookname))             //借出书名查询
    {
        strwhere.Add("BookName Like @BookName ");
        p[2]=(new SqlParameter("@BookName", "%"+bookname+"%"));
    }
    if (!string.IsNullOrEmpty(uid))                  //身份证号查询
    {
        strwhere.Add("IdentityID Like @IdentityID ");
        p[3]=(new SqlParameter("@IdentityID", "%"+uid+"%"));
    }
    SqlConnection cn=new SqlConnection();
    cn.ConnectionString=" data source =.; initial catalog = BookManager;
        integrated security=true;";

    string sql;
    if (strwhere.Count !=0)
    {
        string strwheres=string.Join(" and ", strwhere);
        sql="select UserID,Name,Sex,Department
            from( select distinct a.UserID,Name,Sex,Department,BookName,
            IdentityID from tb_User as a left join tb_BookOut as b
            on a.UserID=b.UserID where "+strwheres+" )as t ";
    }
    else
    {
        sql="select UserID,Name,Sex,Department from tb_User";
    }
    SqlCommand cmd=new SqlCommand(sql, cn);
    if (p !=null)
    {
```

```
            foreach (SqlParameter parm in p)
                if (parm !=null)
                {
                    cmd.Parameters.Add(parm);
                }
        }
        SqlDataAdapter da=new SqlDataAdapter();
        da.SelectCommand=cmd;
        DataSet ds=new DataSet();
        da.Fill(ds);
        return ds;
    }
```

(3) 测试 Web 服务。在解决方案资源管理器中,右击 Web 服务下"用户查询.asmx"选项,选择"在浏览器中查看"命令,打开 WebService 页面。单击 UserQuery 链接,打开"测试"页面,如图 8.56 所示。在 userid 文本框中输入 11306105,单击"调用"按钮,会返回一段 XML 代码(略)。

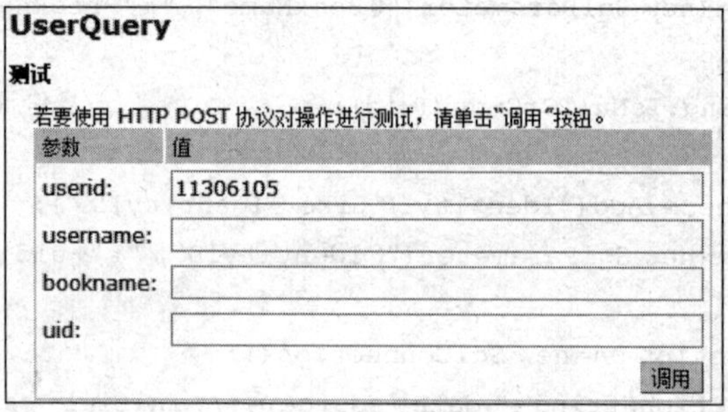

图 8.56 "测试"页面

(4) 调用 Web 服务。在 UI 层添加第 9 个窗体——用户查询。用户查询界面由 4 个 Label 控件、4 个 TextBox 控件、2 个 Button 控件和 1 个 dataGridView 控件组成,设计界面如图 8.57 所示。

其中,4 个 Label 控件的 Text 属性分别设置为"用户编号""用户姓名""借出的书名"和"身份证号码";4 个 TextBox 控件的 Name 属性分别设置为 txtuserid、txtusername、txtbookname 和 txtuid;2 个 Button 控件的 Text 属性分别设置为"查询"和"输出到 Word";设置 DataGridView 控件的 Columns 属性,添加 5 列,分别为"用户编号""姓名""性别""部门"和"借阅信息",其中"用户编号"和"借阅信息"两列是超链接样式的,需要将类型设置为 DataGridViewLinkColumn,其余 3 列使用默认值 DataGridView-TextBoxColumn。当单击查询结果中某行的"用户编号"时,会出现此用户的详细信息界面,这时可以修改用户信息。当单击查询结果中某行的"借阅信息"时,会出现此用户的借阅信息界面。继续修改这 5 列的 DataPropertyName 属性(和数据库表中的字段对应),分别为 UserID、Name、Sex、Department 和 UserID,如图 8.58 所示。

(5) 添加引用。选择"引用"→"添加服务引用"命令,在 URL 地址栏中输入之前创建

图 8.57　用户查询界面

图 8.58　为 DataGridView 控件添加表头

的 XML Web 服务的服务地址,并单击"转到"按钮。修改下方的命名空间为 UserQueryServiceReference,并引入此命名空间,代码如下。

using 图书借阅管理系统.UserQueryServiceReference;

(6) 在客户端代码中创建 XML Web 服务代理类的实例,使用代理的方法访问 XML Web 服务,代码如下。

```
private void button1_Click(object sender, EventArgs e)
{
    用户查询 SoapClient uq=new 用户查询 SoapClient();
    DataSet ds=uq.UserQuery
        (txtuserid.Text,txtusername.Text,txtbookname.Text,txtuid.Text);
    dataGridView1.DataSource=ds.Tables[0];
}
```

(7) 运行结果如图 8.48 所示。

DataGridView 控件"用户编号"和"借阅信息"两列的类型是 DataGridViewLinkColumn（超链接类型），即单击结果中此两列的某个值时，会出现相应的窗体。单击某个用户编号，会出现该用户的详细信息界面，可以在其中修改该用户信息。单击某条"借阅信息"会出现该用户的借阅信息界面。

在 UI 层添加第 10、第 11 个窗体——"用户详细信息"和"读者借阅信息"。

在"用户查询"窗体中添加如下代码。

```
private void dataGridView1_CellContentClick(object sender,
                                DataGridViewCellEvent Args e)
{
    if (e.RowIndex !=-1)
    {
        if (e.ColumnIndex==0)                //单击查询结果某行中的"用户编号"
        {
            string userid=dataGridView1.Rows[e.RowIndex].
               Cells[e.ColumnIndex].Value.ToString();
            用户详细信息 d=new 用户详细信息(userid);
            d.Show();                        //显示"用户详细信息"窗体
        }
        if (e.ColumnIndex==4)                //单击查询结果某行中的"借阅信息"
        {
            string userid=dataGridView1.Rows[e.RowIndex].Cells[0].Value.
               ToString();
            读者借阅信息 u=new 读者借阅信息(userid);
            u.Show();                        //显示"读者借阅信息"窗体
        }
    }
}
```

至此，可以通过用户编号、姓名等多种信息组合查询出用户信息。后面将介绍通过在程序中调用 Office 的 COM 组件，可以把 DataGridView 中的信息导出到 Word 中。

8.6.2 用户详细信息

在"用户查询"界面中完成查询之后，单击查询结果中某个用户的"用户编号"，会出现用户详细信息界面，可以查看当前用户信息，但此时不能修改，只有单击"编辑"按钮后，才能够修改当前用户信息。

用户详细信息界面由 9 个 Label 控件、8 个 TextBox 控件（Name 属性分别为 txtuid、txtname、txtiid、txtdepartment、txtinterest、txtage、txtphone 和 txtqq）、1 个 ComboBox 控件和 1 个 Button 控件组成，用户详细信息界面如图 8.59 所示。

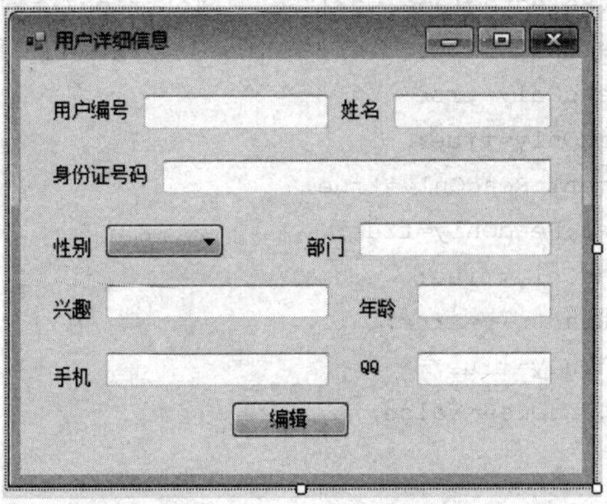

图 8.59　用户详细信息界面

此界面出现时,用户编号是从用户查询界面的查询结果中获取的,这个功能涉及两个界面之间的传值,此处利用构造方法来完成。

单击"编辑"按钮之后,按钮上的"编辑"字样会更改为"确定"。当用户编辑完毕,单击"确定"按钮后,就完成了修改用户信息的功能,代码如下。

```
using System.Data.SqlClient;
using DAL;

string userid;
public 用户详细信息(string uid)
{
    userid=uid;
    InitializeComponent();
}
private void 用户详细信息_Load(object sender, EventArgs e)
{
    button1.Text="编辑";                           //界面刚加载时,按钮上的文字为"编辑"
    SqlDataReader dr=SqlHelper.ExecuteReader(CommandType.Text,
        "select * from tb_user where UserID=@UserID",
        new SqlParameter("@UserID", userid));
    if (dr.Read())
    {
        txtuid.Text=userid;
        txtname.Text=dr["Name"].ToString();
        txtiid.Text=dr["IdentityID"].ToString();
        txtdepartment.Text=dr["Department"].ToString();
        txtinterest.Text=dr["Interest"].ToString();
        txtage.Text=dr["Age"].ToString();
        txtphone.Text=dr["Phone"].ToString();
        txtqq.Text=dr["QQ"].ToString();
```

```csharp
            comboBox1.SelectedIndex=dr["Sex"].ToString()=="男"?0:1;
            txtuid.ReadOnly=true;                //未单击"编辑"按钮时,不可修改信息
            txtname.ReadOnly=true;
            txtiid.ReadOnly=true;
            txtdepartment.ReadOnly=true;
            txtinterest.ReadOnly=true;
            txtage.ReadOnly=true;
            txtphone.ReadOnly=true;
            txtqq.ReadOnly=true;
            comboBox1.Enabled=false;
        }
    }
    private void button1_Click(object sender, EventArgs e)
    {
        if (button1.Text=="编辑")                //单击"编辑"按钮,可以修改信息
        {
            txtuid.ReadOnly=false;
            txtname.ReadOnly=false;
            txtiid.ReadOnly=false;
            txtdepartment.ReadOnly=false;
            txtinterest.ReadOnly=false;
            txtage.ReadOnly=false;
            txtphone.ReadOnly=false;
            txtqq.ReadOnly=false;
            comboBox1.Enabled=true;
            button1.Text="确定";                //"编辑"按钮变为"确定"按钮
        }
        else
        {
            SqlParameter[] p={
                            new SqlParameter("@UserID",userid),
                            new SqlParameter("@Name",txtname.Text),
                            new SqlParameter("@IdentityID",txtiid.Text),
                            new SqlParameter("@Sex",comboBox1.SelectedText),
                            new SqlParameter("@Department",txtdepartment.Text),
                            new SqlParameter("@Interest",txtinterest.Text),
                            new SqlParameter("@Age",txtage.Text),
                            new SqlParameter("@Phone",txtphone.Text),
                            new SqlParameter("@QQ",txtqq.Text),
                            };
            string sql="update tb_user set Name=@Name,IdentityID=@IdentityID,Sex=
                @Sex,Department=@Department,Interest=@Interest,Age=@Age,
                Phone=@Phone,QQ=@QQ where UserID=@UserID";
            int i=SqlHelper.ExecuteNonQuery(CommandType.Text, sql, p);
```

```
            if (i !=0)
            {
                MessageBox.Show("更新成功");
                button1.Text="编辑";
                txtuid.ReadOnly=true;
                txtname.ReadOnly=true;
                txtiid.ReadOnly=true;
                txtdepartment.ReadOnly=true;
                txtinterest.ReadOnly=true;
                txtage.ReadOnly=true;
                txtphone.ReadOnly=true;
                txtqq.ReadOnly=true;
                comboBox1.Enabled=false;
            }
        }
    }
```

运行程序,单击用户查询界面运行结果 DataGridView 控件中的某个"用户编号",可以看到该用户的详细信息,如图 8.60 所示。

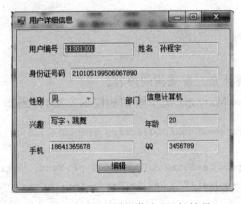

图 8.60 "用户详细信息"运行结果

至此,已经完成了用户详细信息编辑功能。对于用户管理这个功能模块已经基本完成,删除用户功能比较容易设计和实现,请自己练习编写。

8.6.3 读者借阅信息

读者借阅信息界面只包含 1 个 DataGridView 控件。修改 DataGridView 控件的 Dock 属性值为 Fill,将 DataGridView 控件扩充到窗体大小;为 DataGridView 控件增加表头 Columns 属性,包含 7 列,分别为"用户编号""图书姓名""图书 ISBN""借阅时间""截止时间""是否归还"和"归还时间"。读者借阅信息界面如图 8.61 所示。

此界面出现时,用户编号是从用户查询界面的查询结果中获取的,此处同样利用构造方法来完成,代码如下。

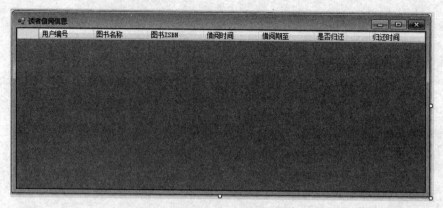

图 8.61 读者借阅信息界面

```
using System.Data.SqlClient;
using BLL;

string userid;
public 读者借阅信息(string uid)
{
    userid=uid;
    InitializeComponent();
}
```

完成此功能前,需要补充三层架构的内容。

在类库 DAL 的 BookManager 类中添加相应的方法,代码如下。

```
public DataTable getUserBookInfo(string userid)
{
    return SqlHelper.GetDataSet(CommandType.Text, "select * from tb_BookOut
       where UserID=@UserID", new SqlParameter("@UserID", userid)).Tables[0];
}
```

在类库 BLL 中的 BookManager 类中添加相应方法,代码如下。

```
public DataTable getUserBookInfo(string userid)
{
    return new DAL.BookManager().getUserBookInfo(userid);
}
```

最后,为"读者借阅信息"窗体添加如下代码。

```
private void 读者借阅信息_Load(object sender, EventArgs e)
{
    dataGridView1.DataSource=new BLL.BookManager().getUserBookInfo(userid);
}
```

运行程序,单击用户查询界面运行结果 DataGridView 控件中的某个"借阅信息",可以看到该用户的借阅信息,如图 8.62 所示。

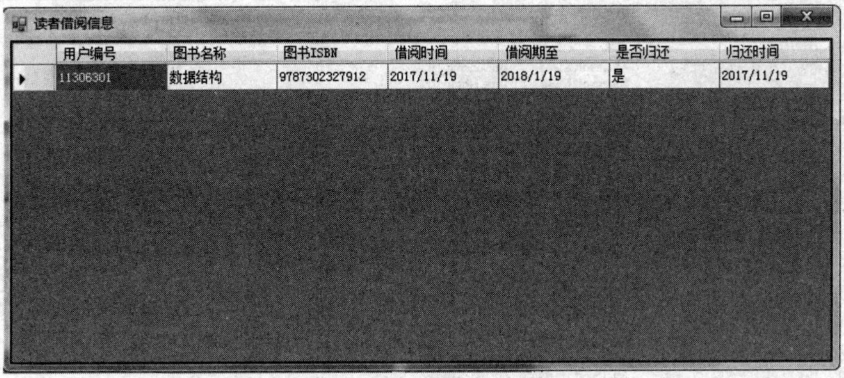

图 8.62　读者借阅信息

8.6.4　将 DataGridView 内容导出到 Word

COM 组件由以 Windows 动态连接库(DLL)或可执行文件(EXE)形式发布的可执行代码所组成,遵循 COM 规范编写出来的组件能够满足对组件架构的所有要求。COM 组件可以为应用程序、操作系统以及其他组件提供服务;自定义的 COM 组件可以在运行时同其他组件连接起来构成某个应用程序;COM 组件可以动态地插入或卸出应用。

下面通过一个简单的"在 Windows 程序中调用 COM 组件"程序,完成将文本写入 Word 文档的功能。首先介绍调用 Office COM 组件的流程,然后利用 COM 组件创建本项目中的一项功能——将查询结果导出到 Word 文档。

1. 一个简单的调用 Office COM 组件的程序

操作步骤如下。

(1) 创建一个新的 Windows 应用程序。

(2) 在解决方案资源管理器中选择"引用"→"添加引用"命令,打开"添加引用"对话框;选择 COM→Microsoft Word 12.0 Object Library 选项(对应版本为 Office 2007),如图 8.63 所示,然后单击"确定"按钮返回。

(3) 在应用程序窗体 Form1 的 Form1.cs 源文件开始部分的命名空间声明位置,添加如下所示的命名空间声明。

```
using Microsoft.Office.Core;
using Microsoft.Office.Interop.Word;
```

(4) 选择"视图"→"工具箱"命令,从工具箱中拖曳一个 Button 控件到 Form1 窗体上。

(5) 为 button1 按钮的 Click 事件添加代码。此时,Form1.cs 文件中的代码如下。

```
private void button1_Click(object sender, EventArgs e)
{
    object obj, FileName;
```

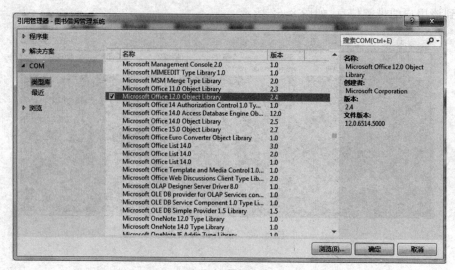

图 8.63 "添加引用"对话框

```
string tempFilename;
//创建一个 Word 应用程序对象 app
Microsoft.Office.Interop.Word.Application app=
      new Microsoft.Office.Interop.Word.Application();
Microsoft.Office.Interop.Word.Document doc;
obj=(object)System.Reflection.Missing.Value;
//添加一个新的 Word 文档,并把返回的文档对象赋值给 doc
doc=app.Documents.Add(ref obj, ref obj, ref obj, ref obj);
//获取新文档 doc 的内容范围,并把文本"您好!\r\n 中国!\r\n"赋值给 rng 对象的 Text
//属性
Range rng=doc.Range(ref obj, ref obj);
rng.Text="您好!\r\n 中国!\r\n";
tempFilename=@"D:\test1.doc";
FileName=(Object)tempFilename;
//调用 SaveAs 方法保存文档,并用 Close 方法关闭新文档,最后用 Quit 方法结束当前的
//Word.exe 进程
doc.SaveAs(ref FileName, ref obj, ref obj, ref obj, ref obj, ref obj,
    ref obj, ref obj, ref obj, ref obj, ref obj, ref obj, ref obj,
    ref obj, ref obj, ref obj);
doc.Close(ref obj, ref obj, ref obj);
app.Quit(ref obj, ref obj, ref obj);
MessageBox.Show("write to word is completed!");
}
```

程序执行后,单击 button1 按钮,会在程序中指定的位置生成一个指定内容的 Word 文档。

在构建 Word 文档的 COM 对象时需要传递大量的参数,如文档模板等,而这些参数可能在编码过程中并不需要使用,所以此时需要通过 System.Reflection 命名空间下的

Missing 类的 Value 属性取代无法提供或不需要提供的参数,这是在访问 COM 组件时经常用到的一种参数处理方式,代码如下。

```
Object obj=(object)System.Reflection.Missing.Value;
```

2. 完成本项目中将 DataGridView 内容导出到 Word 的功能

程序执行后,不输入任何数据,单击"查询"按钮,则在 DataGridView 控件中显示数据库中所有的用户信息,如图 8.64 所示。单击"输出到 Word"按钮,将会启动 Microsoft Word 并显示查询的用户信息(导出 Word 中的数据表中的列可以自己定义),如图 8.65 所示。

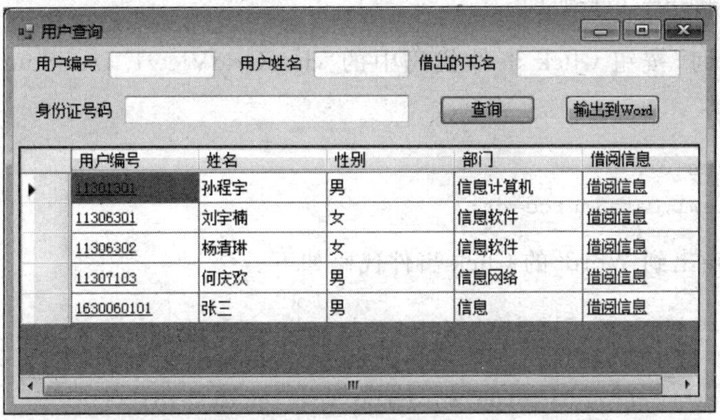

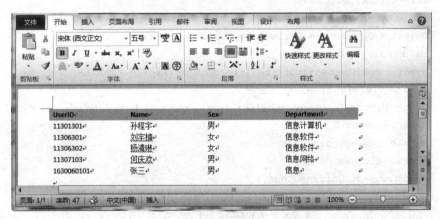

图 8.64 "显示数据"结果

图 8.65 输出到 Word 的结果

在 Microsoft Word 对象模型中,Tables 集合对象是由 Table 对象组成的集合,这些对象代表选定内容、范围或文档中的表格。Table 对象的 Cell 对象代表单个表格单元格。Cell 对象是 Cells 集合中的元素。Cells 集合代表指定对象中的所有的单元格。使用 Cell (x,y).Range.InsertAfter("内容")方法可以将指定文本插入某一区域或选定内容的后面,应用本方法可以扩展原区域或指定内容,使其包含新文本。

因此,也要先添加对 COM 组件 Microsoft Word 12.0 Object Library 的引用,并且需

要添加如下所示的命名空间声明。

```
using System.Data.SqlClient;
using Microsoft.Office.Core;
using Microsoft.Office.Interop.Word;
using System.Reflection;
```

将 DataGridView 中的内容导出到 Word 时,需要利用 DataTable 中的数据。由于之前未保存 DataTable 中的数据,因此修改代码如下。

(1) 添加全局变量 dt。

```
DataTable dt=new DataTable();
```

(2) 将"查询"按钮 Click 事件代码中的"dataGridView1.DataSource=ds.Tables[0];"作如下修改。

```
dt=ds.Tables[0];
dataGridView1.DataSource=dt;
```

(3) 按钮"输出到 Word"的 Click 事件代码如下。

```
private void button2_Click(object sender, EventArgs e)
{
    Microsoft.Office.Interop.Word.Application MyWord;
    Document MyDoc;
    Selection MySelection;
    Table MyTable;
    Object MyObj=System.Reflection.Missing.Value;
    int MyRows, MyColumns, i,j;
    MyWord=new Microsoft.Office.Interop.Word.Application();
    MyWord.Visible=true;
    MyDoc=MyWord.Documents.Add(ref MyObj, ref MyObj, ref MyObj, ref MyObj);
    MyDoc.Select();
    MySelection=MyWord.Selection;
    MyRows=dt.Rows.Count;
    MyColumns=dt.Columns.Count;
    MyTable=MyDoc.Tables.Add(MySelection.Range, MyRows+1, MyColumns,
                    ref MyObj, ref MyObj);
    for (i=1; i<MyColumns+1; i++)                    //设置列宽
    {
        MyTable.Columns[i].SetWidth(110,WdRulerStyle.wdAdjustNone);
    }
    //设置 Word 文档第一行的背景颜色
    MyTable.Rows[1].Cells.Shading.BackgroundPatternColorIndex=
                                    WdColorIndex.wdGray25;
    MyTable.Rows[1].Range.Bold=1;            //设置第一行的字体
    i=1;                                     //i 代表 Word 文档中表的列
```

```
    foreach (DataColumn MyColumn in dt.Columns)        //输出列标题数据
    {
        MyDoc.Tables[1].Cell(1, i).Range.InsertAfter(MyColumn.ColumnName);
        i=i+1;
    }
    for (j=2; j<dt.Rows.Count+2; j++)                   //输出表中数据
    for(i=1;i<dt.Columns.Count+1;i++)
        MyDoc.Tables[1].Cell(j, i).Range.InsertAfter(dataGridView1 [i-1,j-2].
            Value.ToString());
}
```

编译执行程序，即可生成并打开一个 Word 文档，其中显示数据库中表的信息，如图 8.65 所示。

8.6.5 图书查询功能

由于图书查询功能与之前介绍的用户查询功能类似，此处只给出参考界面，请读者自己练习。在 UI 层添加第 12 个窗体——"图书查询"窗体，运行结果如图 8.66 所示。

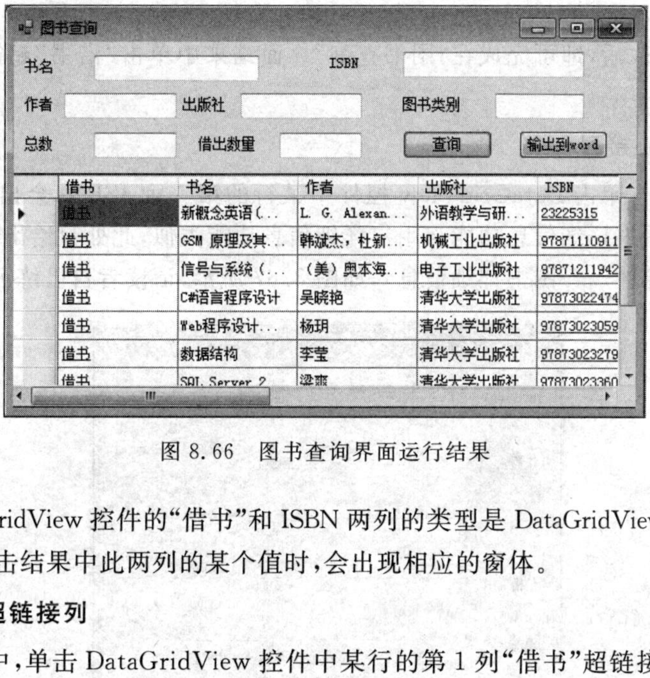

图 8.66 图书查询界面运行结果

同样，DataGridView 控件的"借书"和 ISBN 两列的类型是 DataGridViewLinkColumn（超链接类型），即单击结果中此两列的某个值时，会出现相应的窗体。

1. "借书"超链接列

在图 8.66 中，单击 DataGridView 控件中某行的第 1 列"借书"超链接，会出现"借书"窗体。值得注意的是，在出现"借书"窗体时，同样需要窗体间的传值，因此同样可以用构造方法来实现。在"借书"窗体中，借书功能是通过复合控件完成的，设计此复合控件时没有公开"图书 ISBN"文本框的 Text 属性，也没有设计窗体的带参数的构造函数，因此，首先公开复合控件的"图书 ISBN"文本框的 Text 属性，代码如下。

```
public string isbnText
{
```

```
        get { return txtisbn.Text; }
        set { txtisbn.Text=value; }
}
```

然后重新生成复合控件。

最后,增加"借书"窗体的带一个参数的构造方法,代码如下。

```
string isbn=null;
public 借书(string isb)
{
    isbn=isb;
    InitializeComponent();
}
```

在"借书"窗体的 Load 事件处理程序中,添加如下代码。

```
if (isbn !=null)
{
    userControl11.isbnText=isbn;
}
```

完成以上修改后,即可完成在"图书查询"界面结果中单击"借书"超链接实现借书的功能。

2. ISBN 超链接列

在图 8.66 中,单击 DataGridView 控件中某行的第 5 列 ISBN,会出现"图书详细信息"窗体。由于图书详细信息功能与用户详细信息功能类似,此处只给出参考界面(在 UI 层添加第 13 个窗体——图书详细信息),如图 8.67 所示,请读者自己练习。

图 8.67 图书详细信息界面

8.6.6 图书借阅信息查询功能

在 UI 层添加第 14 个窗体——图书借阅信息,这也是本项目的最后一个窗体。图书借阅信息界面由 3 个 Label 控件、1 个 TextBox 控件、1 个 Button 控件和 1 个 DataGridView 控件组成,如图 8.68 所示。

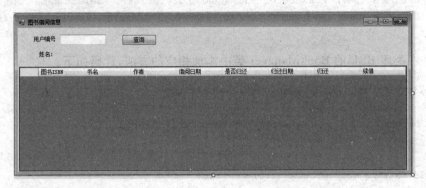

图 8.68 图书借阅信息界面

为 DataGridView 控件添加表头,如图 8.69 所示。

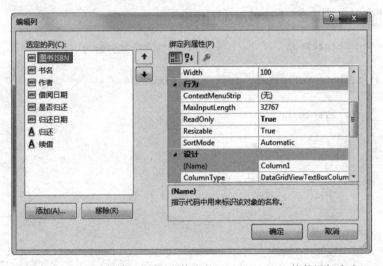

图 8.69 为"图书借阅信息"窗体中的 DataGridView 控件添加表头

具体操作步骤如下。

(1) 在类库 DAL 的 BookManager 类中添加相应的方法,代码如下。

```
public DataTable getDataTable(string userid)
{
    string sql="select ISBN,BookName,Author,StartTime,ReturnTime,IsReturn
            from( select a.ISBN,a.BookName,Author,StartTime,ReturnTime,UserID,
            IsReturn from tb_Book as a inner join tb_BookOut as b on a.ISBN=b.ISBN
            where UserID=@UserID)as t";
    return SqlHelper.GetDataSet(CommandType.Text, sql,
        new SqlParameter("@UserID", userid)).Tables[0];
}
```

```csharp
public string getUserName(string userid)
{
    return SqlHelper.ExecuteScalar(CommandType.Text, "select Name from tb_User
        where UserID=@UserID", new SqlParameter("@UserID", userid)).ToString();
}
```

(2) 在类库 BLL 的 BookManager 类中添加相应的方法,代码如下。

```csharp
public DataTable getDataTable(string userid)
{
    return new DAL.BookManager().getDataTable(userid);
}

public string getUserName(string userid)
{
    return new DAL.BookManager().getUserName(userid);
}
```

(3) 为"图书借阅信息"窗体添加如下代码。

```csharp
private void btnsearch_Click(object sender, EventArgs e)
{
    if (!string.IsNullOrEmpty(textBox1.Text))
    {
        getDataTable();
    }
    else
    {
        MessageBox.Show("请输入用户编号");
    }
}

private void dataGridView1_CellContentClick(object sender,DataGridViewCellEventArgs e)
{
    if (e.RowIndex !=-1)
    {
        if (e.ColumnIndex==0)
        {
            if (dataGridView1.Rows[e.RowIndex].Cells[7].Value.ToString()==
              "是")
            {
                MessageBox.Show("此书已经归还");
            }
            else
            {
                string ISBN=dataGridView1.Rows[e.RowIndex].Cells[2].Value.
                  ToString();
                还书 b=new 还书(ISBN, textBox1.Text);
```

```
            b.Show();
        }
    }
    if(e.ColumnIndex==1)
    {
        if (dataGridView1.Rows[e.RowIndex].Cells[7].Value.ToString()=="是")
        {
            string ISBN = dataGridView1.Rows[e.RowIndex].Cells[2].Value.
                ToString();
            借书 b=new 借书(ISBN, textBox1.Text);
            if (b.ShowDialog()==DialogResult.OK)
            {
                getDataTable();
            }
            else
            {
                MessageBox.Show("这本书还没有还呢!");
            }
        }
    }
}
public void getDataTable()
{
    label3.Text=new BLL.BookManager().getUserName(textBox1.Text);
    dataGridView1.DataSource=
        new BLL.BookManager().getDataTable(textBox1.Text);
}
```

（4）在之前创建的扩展控件中，公开 Text 属性，增加如下代码，并重新生成该扩展控件。

```
public string isbtext
{
    get { return this.Text; }
    set { this.Text=value; }
}
```

（5）在之前创建的还书界面中，增加如下代码。

```
string isb;
string useri;

public 还书(string isbn,string userid)
{
    isb=isbn;
    useri=userid;
    InitializeComponent();
```

```
}
private void 还书_Load(object sender, EventArgs e)
{
    if (!string.IsNullOrEmpty(isb) && !string.IsNullOrEmpty(useri))
    {
        userControl11.isbtext=isb;
        txtuserid.Text=useri;
    }
}
```

(6) 在之前创建的借书界面中，增加如下代码。

```
string isbn=null, userid=null;
public 借书(string isb,string useri)
{
    isbn=isb;
    userid=useri;
    InitializeComponent();
}
```

运行程序，输入用户编号，将会显示该用户的借阅信息，如图 8.70 所示。

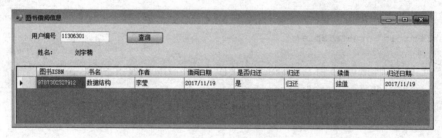

图 8.70　图书借阅信息

8.7　部署

图书借阅管理系统开发完成后，就可以进行安装和部署操作了。从 Visual Studio 2012 开始，微软就把原来的安装与部署工具删除了，转而去使用第三方的打包工具 InstallShield Limited Edition for Visual Studio，这个版本是免费的，只需要邮件注册，就会免费发放注册码。可以在官方网站下载最新版本的 InstallShield Limited Edition for Visual Studio，它支持 Visual Studio 2010/2012/2013。

8.7.1　安装 InstallShield Limited Edition for Visual Studio

若是第一次在 Visual Studio 2013 中创建安装项目，会提示要先下载安装 InstallShield。打开 InstallShield 下载页面，输入邮件地址及其他信息，单击 Download Now 按钮即可下载。稍后邮箱会收到一个验证码，用于激活 InstallShield，如图 8.71～

图 8.73 所示。

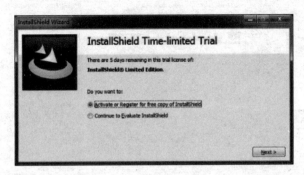

图 8.71　安装 InstallShield

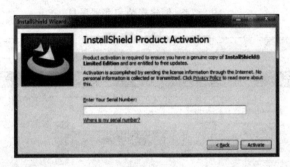

图 8.72　输入序列号

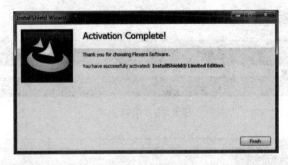

图 8.73　安装完成

到此,已经把 InstallShield Limited Edition for Visual Studio 安装完毕,下面介绍如何创建安装和部署项目。

8.7.2　部署图书借阅管理系统

部署步骤如下。

(1) 打开 Visual Studio 2013,选择"新建项目"→"其他项目类型"→"安装与部署"→InstallShield Limited Edition Project 命令。如图 8.74 所示创建安装和部署项目,单击"确定"按钮,会出现一个项目助手(Project Assistant)页面,如图 8.75 所示。

(2) 单击下方的第 1 个图标或文字 Application Information,根据实际情况,填写项目基本信息,如图 8.76 所示。

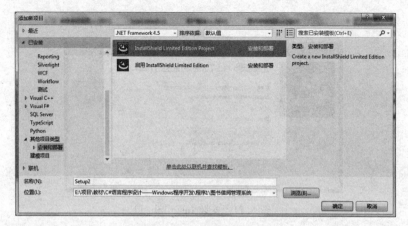

图 8.74 创建安装和部署项目

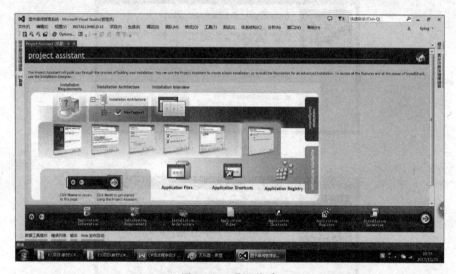

图 8.75 项目助手

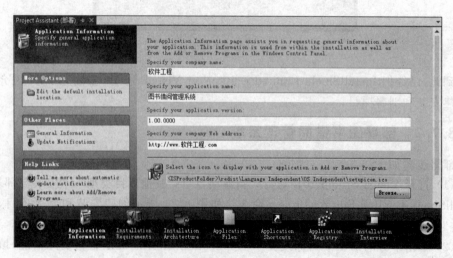

图 8.76 填写项目基本信息

（3）项目基本信息填写完成后，单击页面左侧 Other Places 选项卡下的 General Information 选项，如图 8.77 所示，进入 General Information 页面，如图 8.78 所示。

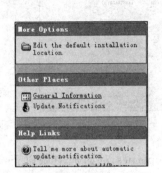

图 8.77　填写项目信息

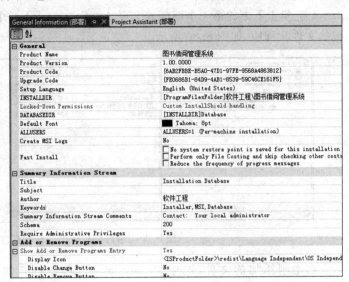

图 8.78　General Information 页面

在图 8.78 中主要需要完成以下内容。

① 设置 Setup Language 为简体中文，否则安装路径如果有中文就会出问题。

② 修改 INSTALLDIR 默认安装路径。

③ 修改 Default Font 默认字体。

④ 修改 Product Code，每次升级都重新打包。只需要单击这一行右侧的"…"按钮，就会重新生成 Code，安装时就会自动覆盖老版本。

（4）填写完成后，返回项目助手（Project Assistant）首页。单击下方的第 2 个图标或文字 Installation Requirements。由于图书借阅管理系统是 Visual Studio 2013 开发的，属于.NET 4.5，所以需要把 Microsoft .NET Framework 4.5 Full package 一起打包，如图 8.79 所示。

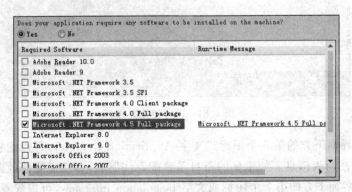

图 8.79　连同.NET Framework 一起打包

（5）单击下方的第 3 个图标或文字 Installation Architecture，这个页面中不需要修改任何项。

（6）单击下方的第 4 个图标或文字 Application Files，单击 Add Files 按钮，添加要打包的文件和程序，如图 8.80 所示。

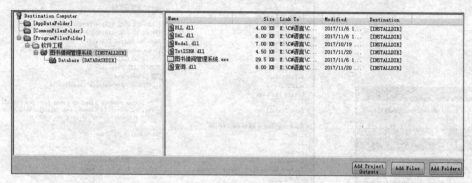

图 8.80　添加要打包的文件和程序

右击刚添加的文件，选中 Properties 选项，在打开的 Properties 对话框中做以下选择。

① 如果是.NET 项目程序 DLL、EXE，就按照默认的设置，不要去改。

② 如果是 OCX 或者 ActiveX 等需要注册的 DLL，选择 Self-registration。

（7）单击下方的第 5 个图标或文字 Application Shortcuts，设置"开始"菜单快捷方式和桌面快捷方式，如图 8.81 所示。

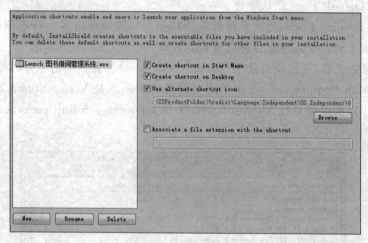

图 8.81　设置快捷方式

（8）单击界面下方的第 6 个图标或文字 Application Registry，可以配置注册表，这个项目不需要写注册表信息。如果你的项目需要配置注册表，那就需要修改此界面。

（9）单击界面下方的第 7 个图标或文字 Installation Interview，可以配置安装界面对话框，这个项目不需要修改。如果你的项目需要配置安装界面对话框，单击左侧 Other Places 下的 Dialogs 选项进行修改，如图 8.82 所示。

第8章 图书借阅管理系统的窗体设计与功能实现　203

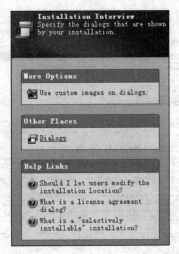

图 8.82　修改"安装界面"对话框

(10) 要把.NET Framework 一起打包,单击解决方案右侧的 Specify Application Data 选项,再双击 Redistributables 选项,选中 Microsoft .NET Framework 4.5 Full 前的复选框。选中之后,会自动联网下载,下载完毕,右侧就会变成 Installed Locally,如图 8.83 所示。

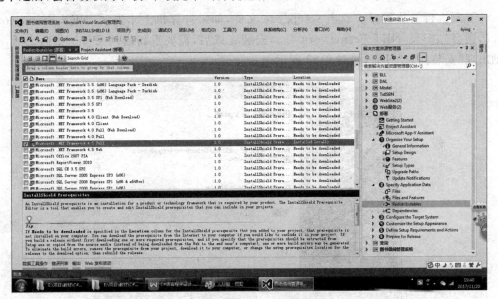

图 8.83　打包.NET Framework

(11) 最后,单击解决方案右侧 Prepare for Release 选项,双击 Releases 选项,单击 SingleImage 选项,单击 Setup.exe 选项,找到 InstallShield Prerequisites Location 选项,把它设置为 Extract From Setup.exe,如图 8.84 所示。

8.7.3　生成安装包及安装程序

部署完成后,生成程序。打包后的程序放在如下路径。

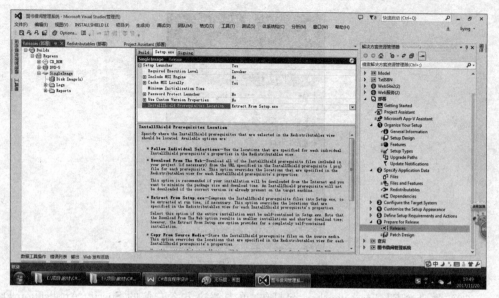

图 8.84 完成部署

...\Express\SingleImage\DiskImages\DISK1\setup.exe

下面执行安装程序。双击 setup.exe 文件,如果计算机上未安装.NET Framework 4.5,则会先安装.NET Framework 4.5,安装完成后,需要重新启动系统。重启之后,自动出现"安装向导"界面,如图 8.85 所示。

图 8.85 "安装向导"界面

在向导的指引下,按照默认设置逐步单击"下一步"按钮,即可完成"图书借阅管理系统"的安装。

安装完成后,选择"桌面"→"开始"→"程序和安装路径"命令可以看到"图书借阅管理系统"快捷方式,单击此快捷方式,即可使用该应用程序。

参 考 文 献

[1] 李莹,吴晓艳,田丹,等. Windows 程序开发——基于 Visual Studio 2013(项目教学版)[M]. 北京：清华大学出版社,2015.
[2] 吴晓艳,李莹,汤秋艳,等. C#语言程序设计[M]. 北京：清华大学出版社,2011.

附录
C#应用系统开发实训

1. 目的和要求

本实训通过项目驱动和学生分组的方法,将商品信息管理系统项目划分成若干任务,给每组学生布置一项任务,通过这些任务,可以帮助学生掌握使用C#语言开发Windows应用程序的相关知识和技术,具备一定的编程能力。

通过商品信息管理系统的开发和应用,使学生完成一次使用C#语言开发Windows程序的全过程和综合性训练,具备较全面的程序开发能力。

2. 题目和内容

本实训主要涉及C#语言的主要知识点,设置了一个商品信息管理系统的开发实训项目。

本实训设置了5个任务,学生采用分组的方式来共同完成程序的开发。学生每完成一个阶段的设计任务就可以达到一个阶段的知识、能力和素质的提升,最终可以实现一个完整的商品信息管理系统的开发。

本实训设置2周时间。教师可以根据相关课程的学习进度来布置实训任务,学时安排如附表1所示。

总学时:2周(约40学时)。

附表1 学时安排

单元序号	单元名称	内容提要	学时
1	系统需求分析	1. 了解商品信息管理系统包含的内容和信息 2. 了解商品信息管理系统的人员角色 3. 了解商品信息管理系统的功能分配	4学时
2	商品信息管理系统数据库设计	1. 设计商品信息管理系统数据库 2. 根据需求,设计数据表 3. 创建表与表之间的关系 4. 创建存储过程、视图等	8学时

续表

单元序号	单元名称	内容提要	学时
3	Windows 界面设计	1. Windows 窗体的规划和设计 2. Windows 控件的应用 3. 根据商品信息管理系统的要求,设计所有的 Windows 窗体	8 学时
4	系统功能模块设计	1. 商品信息管理系统的模块划分 2. 完成每一个模块的具体实现 3. 完成数据库的访问,可以在 Windows 界面对数据库中的数据进行增、删、改、查	10 学时
5	Windows 项目部署	1. 对 Windows 程序进行环境测试 2. 部署 Windows 程序	2 学时
6	实训报告	完成实训报告	8 学时

需要实训指导教师进行必要的知识讲解,帮助学生完成设计,同时在学生自主实训时,能即时发现学生设计的问题,进行个别指导。

3. 考核方式及报告模板

学生的考核原则是:注重学生的操作能力;注重学生的过程学习;注重学生的学习实效;端正学生的学习态度;提高学生的学习兴趣。

考核成绩计算办法:过程考核×0.2+技术知识考核×0.8,具体如附表 2 所示。

附表 2 考核报告模板

项目学习	过程考核(比例:20%)						
	平时表现 10%		考勤 5%		团队合作情况 5%		
	技术知识考核(比例:80%)						
	分为 5 个子项目阶段测试					程序答辩	实训报告
	5%	10%	10%	20%	5%	10%	20%

1) 过程考核依据

(1) 工作态度和工作表现。

(2) 出勤情况及组织纪律性方面的表现。

(3) 小组讨论参与程度、与组员协作与沟通情况。

2) 技术知识考核

(1) 单元任务完成后,给学生一个分数,每个任务的分数不一样。每完成一个任务,进行程序检查。

(2) 当所有的任务完成后,每组进行项目答辩。

每位同学撰写实训报告,实训报告模板如下。

_____大学/学院

C#应用系统开发
实 训 报 告

题　　目：_____（黑体、三号）

院　　系：__信息与控制学院__（黑体、三号）
专　　业：_____（黑体、三号）
班级学号：_____（黑体、三号）
学生姓名：_____（黑体、三号）
指导教师：_____（黑体、三号）
成　　绩：_____（黑体、三号）

年　　月　　日

1 系统分析与设计

1.1 需求分析

只需要写出本系统的需求分析情况。

1.2 系统功能设计

只需要写出本系统设计了哪些功能,并画出系统功能模块图。

图应有图名、图号及必要的说明。图应具有"自明性",即只看图、图名和图例,不阅读正文,就可理解图意。插图应符合国家标准及专业标准,与文字紧密配合,文图相符,技术内容正确。

图题由图号和图名组成。图号按章编排,如第1章第一图图号为"图1.1"等。图题置于图下,图注或其他说明应置于图与图题之间。图名在图号之后空一格,图题用五号黑体字。

插图与其图题为一个整体,不得拆开排于两页。插图应编排在正文提及之后,插图处的该页空白不够时,则可将其后文字部分提前,将图移到次页最前面。

论文中照片图均应是真实的,照片应主题突出、层次分明、清晰整洁、反差适中。

例如,××××××如图1.1所示。

图1.1　××××××

1.2.1　××××××

1. ××××××
××××××

2. ××××××

(1) ××××××

① ××××××

② ××××××

(2) ××××××

1.3 数据库设计

只需要列出系统设计中包括的数据表,以及表的含义即可。列出的形式以表格或者文字形式都可以。

表应有表名、表号或必要的说明,表也应有"自明性",即只看表、表名和表中说明,不阅读正文,就可理解表意。

表格一般采取三线制,不加左、右边线。表头内容加粗。

表序按章编排,如第 1 章第一个表序号为"表 1.1"。表序与表名之间空一格,表名不允许使用标点符号。表序与表名置于表上,居中,采用黑体五号字。表内文字说明用五号宋体,起行空一格、转行顶格、句末不加标点。

表头设计应简单明了,尽量不用斜线。表头中可采用化学符号或物理量符号。全表如用同一单位,将单位符号移到表头右上角,加圆括号。表中数据应正确无误,书写清楚。数字空缺的格内加"—"字线(占 2 个数字宽度)。表内文字和数字上、下或左、右相同时,不允许用""""同上"之类的写法,可采用通栏处理方式。外文及数字用 Times New Roman 体五号字。

例如,××××××如表 1.1 所示。

表 1.1　××××××

××××××	××××××	××××××
××××××	××××××	××××××
××××××	××××××	××××××

图的序号和表的序号要分别排序,并且每章的图和表也是重新排序的。

2　系统实现

2.1　系统框架

本节需要介绍系统的整体设计,比如三层架构的设计、每一个类的含义、每个文件的作用等内容。

2.2　××××××模块

本节开始只需要列出每一个实现的模块。每一个模块都需要有功能描述、截图和具体实现的过程。